宋词里的植物探秘之旅

潘富俊　著

海峡出版发行集团 | 福建科学技术出版社
THE STRAITS PUBLISHING & DISTRIBUTING GROUP | FUJIAN SCIENCE & TECHNOLOGY PUBLISHING HOUSE
时代出版传媒股份有限公司
安徽美术出版社

图书在版编目（CIP）数据

宋词里的植物探秘之旅 / 潘富俊著. -- 福州：福建科学技术出版社, 2024. 5

ISBN 978-7-5335-7241-9

Ⅰ. ①宋… Ⅱ. ①潘… Ⅲ. ①宋词 – 诗歌欣赏②植物学 – 普及读物 Ⅳ. ①I207.23②Q94-49

中国国家版本馆CIP数据核字(2024)第065682号

出 版 人　郭　武
责任编辑　李国渊　夏丹丹
装帧设计　吴　可
责任校对　林峰光

宋词里的植物探秘之旅

著　　者　潘富俊
出版发行　福建科学技术出版社
　　　　　安徽美术出版社
社　　址　福州市东水路76号（邮编350001）
网　　址　www.fjstp.com
经　　销　福建新华发行（集团）有限责任公司
印　　刷　福州德安彩色印刷有限公司
开　　本　890毫米×1240毫米　1/32
印　　张　5.75
字　　数　115千字
版　　次　2024年5月第1版
印　　次　2024年5月第1次印刷
书　　号　ISBN 978-7-5335-7241-9
定　　价　33.00元

书中如有印装质量问题，可直接向本社调换。

自序

诗词歌赋最早都源于优美的经典古籍《诗经》。经过数百年的演进，首先产生汉赋，再来诗歌。诗成熟于盛唐，诗成为唐朝的代表文体，出现许多知名的大诗家，如王维、李白、杜甫、白居易、李商隐、温庭筠等。词是很优美的文学创作格式，蜕变自诗，唐、五代已经有词出现，但在宋代才发展到高峰，词成为宋朝的代表文体，称“宋词”。文学史上，宋词是一代文学的重要里程碑。

历代文学作品，包括诗、词、歌、赋、章回小说，有植物的篇章和次数都很多，每种文体、各朝代的总集、专书等，所引述的植物种类都不在少数。植物出现在词的频率也很高，《花间集》为现存最早的词总

集，五代后蜀赵崇祚所编。收录晚唐至五代之词五百首，其中三百二十七首有植物词句，显示植物在词作中的重要性。认识植物的各种形态特性、植物的文学和历史典故，阅读诗词可触类旁通。

本书选择的宋词大部分是名篇，浅显易懂、具代表性，其中引述的植物都很常见。有原生在中国，已成为家喻户晓的植物；也有原产于中国以外地区，但于早期引进，已在各地广为栽培的植物。

导读

词的前身是诗，后来逐渐脱离传统的五个字一句的五言绝句和五言古诗，七个字一句的七言绝句和七言古诗等格式。词又称为：近体乐府、长短句、曲词、诗余等。刚开始，词是配合宴乐乐曲演奏而填写的，是用歌配合唱出的诗，称为“歌诗”。

词的兴起受外来音乐的传入影响很大，隋唐时代，国际交通畅通、贸易发达，文化交流广泛频繁，胡乐大量传入。胡乐加上原有的雅乐、清商乐，形成燕乐，燕乐在社会上普遍流行，对文人诗歌和民间乐曲造成很大的影响。词的产生和创作，大部分就是为了配合这种流行新乐的曲调而兴起。

宋初政治经济较稳定，社会较安定，都市繁荣。宋太祖赵匡胤以“杯

酒释兵权”的方式削弱武将的权力，鼓励官员“广治庄园、田产、舞榭歌台，蓄歌伎、养乐工，纵情声色”。城市呈现莺歌燕舞的繁荣景象，与宴饮歌舞相关的词曲艺术得到长足的发展。人民对文娱活动的兴趣大增，加上君主提倡，流行民间的词更兴盛。词入宋代，成为一种完全独立并与诗相抗衡的文学形式，并达到顶峰。

经研究分析，清代以前的词总集，例如，《全唐五代词》共二千六百三十七首，有植物一百三十种；《全宋词》共收录二万三百三十首，有植物三百二十一种；《全金元词》收七千二百九十三首，植物总数二百五十三种；《全明词》共收二万二千四百一十二首，引述植物的种类数较宋元时期大增，共有四百五十一种。

历代诗词，不但引述的植物种类很多，植物出现的频率也很高。植物在诗词等古典文学作品中的重要性不言而喻。

本书选择的宋词中，引述的都是常见植物的篇章介绍。选介植物共二十五种，包含原生在中国的植物十九种，如杨梅、梧桐、木芙蓉、芦苇、芒、红蓼、楝、蔷薇、乌桕、朱槿、橙、金橘、蜀葵、苎麻、凤仙、菰（茭白）、菖蒲、茜草、艾等；原产于中国以外地区，但早期引进中国，在各地广为栽培的植物，如水仙、葱、黄瓜等；另有栽培较少，但产品作为大家熟悉的香料、调料、油料，如沉香、花椒、胡麻等。

本书每一篇的“开篇词”，首先引述该植物具有代表性的宋词；如词作篇幅太长，则仅节录重要词句。“历史文化”介绍该植物在这首词的角色、重要性，简述词的背景、植物意涵、植物的历史文化典故。“典故延伸”则进一步欣赏其他引述该植物的宋词、宋诗或唐诗文句。接着描述植物的形态特征、分布地区，并搭配精美详实的手绘插图。植物描述部分，以“名片”的形式呈现，包括植物的现代名称、又名、学名及科别，植物的生态需求、用途、栽种情形等。

目录

01 蔷薇

接叶巢莺，平波卷絮，断桥斜日归船。能几番游，看花又是明年。东风且伴蔷薇住，到蔷薇、春已堪怜。更凄然。万绿西泠，一抹荒烟。

——南宋·张炎《高阳台·西湖春感》（节录上片）

历史文化

这首词是张炎在南宋灭亡后重游西湖时所写，借西湖观感抒发亡国之痛烈心情。

大意是说：黄莺筑巢在密叶之间，柳絮轻轻飘落在西湖湖面。斜阳照着断桥处的归船。还能有几次春游？赏花也要等到明年。春风且陪伴着蔷薇吧，因为等到蔷薇开花时，春季已经到了尾声。更令人感到凄楚的是，原本繁华、富贵，在万绿丛中的西泠桥畔，如今已是一片触目惊心的荒芜景象了。

蔷薇是蔷薇属（*Rosa*）的通称，全世界已知有两百多种，其中原产中国的有八十二种，著名的栽培品种包括月季、蔷薇和玫瑰（*R. rugosa*）等。蔷薇类植物在中国有两千年的栽培历史，根据记载，从汉代就开始种植；唐诗中已有蔷薇、玫瑰的诗文；宋代则盛行栽种月季；明代李时珍在《本草纲目》中说："月季，处处人家多栽插之。"明代王象晋，介绍栽培植物的专书《群芳谱》，亦列举月季、蔷薇、玫瑰等品种。

古籍及诗文中的蔷薇，有野蔷薇（*Rosa multiflora* Thunb.）、光叶蔷薇（*Rosa luciae* Crep.），可能还有一些与上述中国原产的野生型蔷薇的杂交种。现代栽培之蔷薇品种多为国外引进，多经反复杂交，已经少有纯种蔷薇。今人所培育出的蔷薇品种花色繁多，粉红色的“粉团蔷薇”，有重瓣的“荷花蔷薇”，花径较小、数朵簇生的称“姐妹花”，还有花色洁白的“白玉堂”，黑色花的“黑美人”等。俗称的“玫瑰”，其实是“现代月季”，简称“月季”，是很多种蔷薇属植物的杂交品种。

典故延伸

- 鹅儿唼啑栀黄嘴，凤子轻盈腻粉腰。深院下帘人昼寝，红蔷薇架碧芭蕉。

——唐·韩偓《深院》

唐人喜欢在院落里种植蔷薇，韩偓在长安的家园中就种着蔷薇。这首诗大意是说：黄嘴的小鹅们摇摆走路，轻盈的蝴蝶摇动着纤细的腰身。午后有人午睡，窗帘放了下来，但院子中有深绿的芭蕉树，和满架粉红色的蔷薇花。

- 绿树阴浓夏日长，楼台倒影入池塘。水晶帘动微风起，满架蔷薇一院香。

——唐·高骈《山亭夏日》

这首诗写夏日风光，绿树阴浓，楼台倒影，池塘水波，满架蔷薇，院子中都是花香。

- 不向东山久，蔷薇几度花。白云还自散，明月落谁家。

——唐·李白《忆东山二首》

东山曾是东晋著名政治家谢安隐居的地方，山上有蔷薇洞、白云堂、明月堂。这首诗写出了诗人对谢安的仰慕，以及对隐居东山的向往。

特征

我是攀缘灌木；小枝圆柱形，生有钩刺。小叶5~9，近花序的小叶有时3，小叶片倒卵形、长圆形或卵形，长1.5~5厘米，宽0.8~2厘米，边缘有尖锐单锯齿，稀混有重锯齿。

我的花有多朵，排成圆锥状花序，花梗长

植株

花柱与雄蕊

1.5~2.5 厘米；花直径 1.5~2 厘米，花瓣白色、浅红色、深桃红色、黄色等，宽倒卵形，先端微凹，基部楔形；萼片披针形；花柱结合成束，比雄蕊稍长。

我的果近球形，直径 0.6~0.8 厘米，红褐色或紫褐色，有光泽，无毛，萼片脱落。

我的种类、变种、品种很多，各地名称也不一致，人们

花（重瓣）

叶

通常说的蔷薇，只是通称。现代蔷薇花色有乳白、鹅黄、金黄、粉红、大红、紫黑多种，花朵有大有小，有重瓣、单瓣等，花期可达半年之久。

住在哪里？

我原产于中国华北、华中、华东、华南及西南地区，主要产在黄河流域以南各省区的平原和丘陵，朝鲜半岛、日本均有分布。

我喜欢生长在路旁、田边，或丘陵地的灌木丛中。

蔷薇

Rosa multiflora Thunb.

又名：野蔷薇、粉团蔷薇、荷花蔷薇、黄蔷薇、窑刺蔷薇、白玉堂、姊妹花等

环境

- 喜欢阳光，亦耐半阴，较耐寒，在大部分地区都能露地越冬。
- 耐干旱瘠薄，但在土层深厚、疏松、肥沃湿润又排水通畅的土壤中，则生长更好，也可在黏重土壤上正常生长。
- 不耐水湿，忌积水。萌蘖（萌发新芽）性强，耐修剪，抗污染。

用途

- 花色泽鲜艳，气味芳香，是香色并具的观赏花。
- 可布置在花架、花格、辕门、花墙等处。亦可培育作盆花、切花。

02 杨梅

采杨梅，摘卢橘，饤朱樱。
奉陪诸友，今宵烂饮过三更。
——南宋·葛长庚《水调歌头》（节录下片）

历史文化

葛长庚是北宋书法家、画家，擅长画竹石、人物，又工于诗词，文词清亮高绝。本首词描绘春天的庭园景色，园中有杨梅、卢橘（枇杷）和樱桃等水果。此时刚好可以宴请亲朋好友前来共享各种水果，能趁机喝酒到深夜，喝个烂醉也无妨。

杨梅原产于中国，已有两千多年栽培食用历史；西汉大辞赋家司马相如的《上林赋》中，称颂杨梅为当时进献给皇帝的贡品。明代药理学家李时珍在《本草纲目》说，这种植物的果实“形如水杨子，而味似梅”，故称杨梅。

杨梅盛夏六七月果实成熟，品种很多：果实依成熟时的颜色大致可分成红、白、紫三种。杨梅含有丰富的糖类、果酸、维生素 C 和多种 B 族维生素等，老年人与儿童常吃有保健防病的作用。但杨梅果实无真正的果皮，不能上下碾压，不易长途运输和贮藏。仅可放入盐水中浸泡，再晒干，果实的颜色会鲜艳如初，能保持数日。果实大都作为加工腌渍材料，可做成杨梅干或蜜饯。也可用鲜果制酒。

典故延伸

- 玉盘杨梅为君设，吴盐如花皎白雪。

——唐·李白《梁园吟》

大意是说，侍女为你端上盛满杨梅的玉盘，再为你端上花皎如雪的吴盐。

- 欲乘风露摘千株。

——南宋·陆游《六峰项里看采杨梅连日留山中》

千株指的也是杨梅。

- 闽广荔枝，西凉葡萄，未若吴越杨梅。

苏东坡在岭南吃到杨梅后，非常喜欢。

- 若使太真知此味，荔枝焉得到长安？

——明·徐阶《咏杨梅》

如果杨贵妃尝过杨梅，哪里还有送荔枝到长安的份？

特征

我是常绿乔木，高可达 15 米；小枝粗壮。叶互生，多螺旋状排列并丛生于枝条先端；叶片革质，倒卵或长倒卵状披针形，长 6~15 厘米，宽 2~4 厘米，基部狭楔形，先端钝形，全缘或上端不明显疏锐齿缘；柄长 2~10 厘米。

我的花雌雄异株；雄花序数条丛生叶腋，圆柱形，长约 3 厘米，黄红色，具 2~4 枚卵形小苞片，

植株

雄蕊 4~6；雌花序卵状长椭圆形，长约 1.5 厘米，单生叶腋，花基部具苞片及小苞片；子房卵形，花柱甚短，2 歧。

我的果实为核果，球形，直径 1~2 厘米，具乳头状突起，熟时深红色或紫红色。

住在哪里？

我生长在中国长江流域、珠江流域和东南地区，如两广、福建、湖南、浙江等。

在日本列岛、朝鲜半岛、菲律宾群岛等地区均有种植。

杨梅

Myrica rubra Lour.

又名：朱红、树梅、圣生梅、白蒂梅等

环境

- 适应力强，喜欢阳光，适合全日照或半日照温暖环境。
- 土壤须排水良好，酸碱值中性至酸性皆可。
- 耐干旱，但充足供水可以促进生长。
- 修剪以修除不良枝为主，避免过度强剪。
- 根系有放线菌共生，产生根瘤制造氮肥供杨梅生长。

用途

- 树姿美观，适合作行道树、园景树、诱鸟树、绿篱等。
- 果实可生食或做成蜜饯、果酱。
- 木材材质致密、硬度高，多制作成农具使用。
- 杨梅有止烦渴、和五脏、涤肠胃之功效，对于虚火上炎、口渴烦热、肠胃不适等症有一定疗效。

03 梧桐

满地黄花堆积。憔悴损，如今有谁堪摘？守着窗儿，独自怎生得黑？梧桐更兼细雨，到黄昏、点点滴滴。这次第，怎一个愁字了得？

——北宋·李清照《声声慢》（节录下片）

历史文化

“黄花”是菊花。词的大意是说，秋天的时候，园中菊花花瓣掉落满地，像人一样憔悴不已，如今还有谁来采菊花？独自一个人冷清地守着窗子，要如何熬到天黑？梧桐叶加上细雨，到黄昏时刻，点点滴滴掉落。这般情景，怎么能用一个“愁”字形容！

梧桐是中国有诗文记载以来最早的著名树种之一。最早出现在先秦文献《诗经·大雅》中的“凤凰鸣矣，于彼高岗。梧桐生矣，于彼朝阳”之句，说凤凰在那边高冈上鸣叫，高冈上生长着梧桐，面向东方迎朝阳。这是有关梧桐和凤凰传说的最早记载，其后的《尚书》《庄子》《吕氏春秋》等先秦文献都有提及梧桐树。

上林苑是秦汉时期的皇家园林，记载种有椅桐、梧桐、荆桐，五柞宫位于上林苑，“五柞宫西有青梧观，观前有三梧桐树”，显示秦汉时代皇家宫苑种植许多梧桐。

《庄子·秋水》篇说，凤凰“非梧桐不栖，非练实（竹实）不食”。前秦王苻坚种数十万株梧桐树于阿房城，等待凤凰降临。唐代以后各地种植梧桐树就极为普遍了，不但皇宫种植梧桐树，私人园林也大量种植。明代、清代的梧桐树常栽植在庭前、窗前、门侧、行道旁。

在唐宋诗词中，梧桐多作离情别恨、孤独忧愁的意象和寓意。

典故延伸

- 春风桃李花开日，秋雨梧桐叶落时。

——唐·白居易《长恨歌》

诗人以昔日的盛况和眼前的凄凉做对比，描写了唐明皇因安史之乱失去了杨贵妃后的凄凉境况。

- 无言独上西楼，月如钩。寂寞梧桐深院锁清秋。剪不断，理还乱，是离愁。别是一般滋味在心头。

——南唐·李煜《相见欢》

风吹落叶，雨滴梧桐，这种凄清景象生动地写出了这位亡国之君幽居在一座深院里的落魄。

特征

我是落叶乔木，高可达 20 米；树干高大而粗壮，树冠呈卵圆形，树干端直，树皮青绿、平滑。叶呈心形，掌状 3~5 裂，宽 15~30 厘米，裂片顶端渐尖，基部心形，基生脉 7 条；叶柄与叶片等长。

植株

圆锥花序顶生，长 20~50 厘米；花单性，无花瓣；花淡紫色；萼 5 深裂几至基部，萼片条形，向外卷曲；雄花的雌雄蕊柄与萼等长，花药 15 个不规则地聚集在雌雄蕊柄顶端，退化子房梨形且甚小；雌花的子房圆球形，被毛覆盖。

蓇葖果膜质，5 个分果，有柄，成熟前开裂成叶状，长 6~11 厘米、宽 1.5~2.5 厘米，种子生在边缘，每个分果有种子 2~4 枚。

住在哪里？

我原生长在中国的浙江、福建、江苏、安徽、江西、广东、南京、湖北等地，从海南岛到华北均有分布，长江、珠江流域较多。

我也产于日本、朝鲜、韩国。

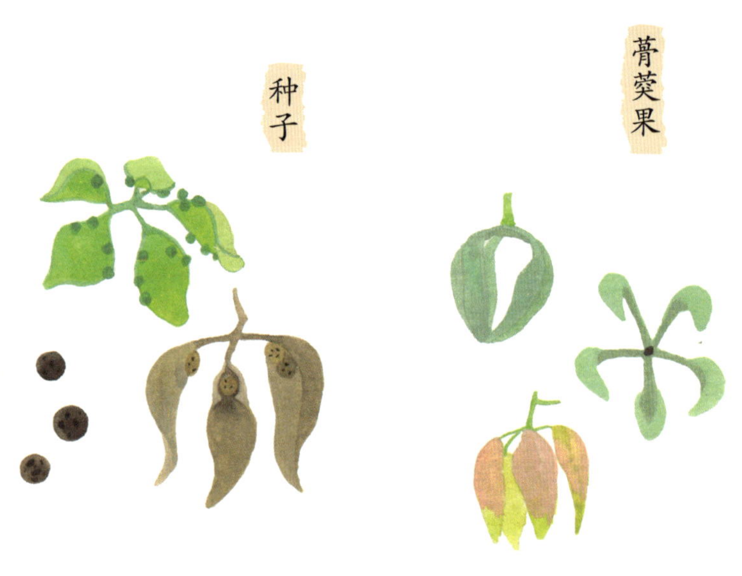

梧桐

Firmiana simplex (L.) W. F. Wight

又名：青桐、碧梧、青玉、庭梧、耳桐、榇梧、国桐等

环境

- 喜光，喜温暖湿润气候，耐寒性不强。
- 喜肥沃、湿润、深厚且排水良好的土壤，在酸性、中性及钙质土上均能生长，但不宜在积水洼地或盐碱地栽种。
- 积水易烂根，受水灾五天即可致死。通常在平原、丘陵及山沟生长较好。

用途

- 生长迅速易成活，对二氧化硫、氯气等有毒气体有较强的对抗性，广泛栽植作行道及庭园绿化树种。
- 梧桐生长快，木材适合制造乐器，树皮可用于造纸和制绳索。许多传说中的古琴都是用梧桐木制造的。
- 梧桐是中国文化中的重要元素。

小常识

梧桐又名青桐等，树皮具叶绿体，枝干呈绿色。

像梧桐这类的落叶树种，在冬季落叶时，可通过树皮上的叶绿体进行光合作用，这是植物适应环境的超凡能力的体现。

04 乌桕

三三两两谁家女？听取鸣禽枝上语。
提壶沽酒已多时，婆饼焦时须早去。
醉中忘却来时路，借问行人家住处。
只寻古庙那边行，更过溪南乌桕树。

——南宋·辛弃疾《玉楼春》

历史文化

这是南宋词人辛弃疾描写农村生活的词。上片写农女买酒，出来买酒已经耽误这么久，婆婆的烙饼都要烧焦了，得赶快回去。下片写醉汉忘了回家的路，只得向行人打听自家住何处。行人说：只管向着古庙那边走，再绕过小溪南面那棵乌桕树就到了。

乌桕（jiù）在古代是经济作物，已有千年的栽植历史，主要是包裹在乌桕种子外的白蜡，可制取桕脂，俗称“皮油”或“桕蜡”，室温下呈固体状，能用来制作蜡烛。种皮内的种仁，富含油脂，可以榨油，称为“桕油”或“清油”，室温下呈液体状，古人将其制成油灯，夜晚用来照明。

乌桕叶形秀丽，入秋后叶经霜时色红如火，陆游有“乌桕赤于枫，园林二月中”之美誉，说二月的庭园中，乌桕比枫树还红，可与亭廊、花墙、山石等相配。明代文震亨在景观造园书《长物志》中说乌桕“秋晚叶红可爱，较枫树更耐久，茂林中有一株两株，不减石径寒山也”，意思是说乌桕红叶色彩鲜艳夺目，观赏期较枫树长。

冬日乌桕果成熟时呈白色，挂在树冠枝头上，经久不落，也极为美观，古人有“偶看桕树梢头白，疑是江海小着花”的诗句。元代黄镇成的《东阳道上》中“前村乌桕熟，疑是早梅花”的诗句，意思是说，白色的乌桕果看上去好像盛开的梅花，这也是一种特殊景观。

典故延伸

- 巾子峰头乌桕树，微霜未落已先红。

——北宋·林逋《水亭秋日偶书》

乌桕在春秋季叶色红艳夺目，可与枫叶比美。

- 乌桕平生老染工，错将铁皂作猩红。

——南宋·杨万里《秋山二首》

说明乌桕叶的色彩在秋季生动而有情趣。

特征

我是落叶大乔木，树高可达 15 米；树皮有不规则的深纵裂纹。叶互生，菱状卵形或菱形，长 5~8 厘米，宽 4.5~7 厘米，先端锐尖或为短尾状，基部钝或楔形，全缘，秋日至冬日落叶时，常会变为红

植株

色或深红色；叶柄长 3~6 厘米，先端有 2 枚腺体。

总状花序顶生，长 5~9 厘米，顶生，花多数，甚小，绿色或黄绿色；花序顶部是雄花，基部是雌花；雄花：雄蕊 2~3 枚；雌花：子房 3 室，花柱短，柱头 3 裂。

我的果实为蒴果，球状椭圆形或近球形，具三沟，直径 1~1.5 厘米，成熟时为黑色，3 裂，内藏种子 3 粒，种子外被白蜡层。

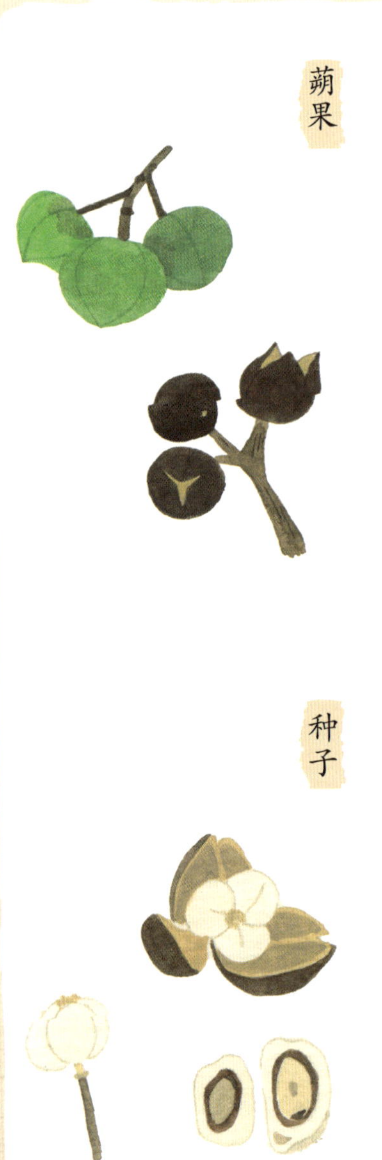

乌桕和枫树等植物，在秋冬时叶片会呈现缤纷亮丽的红色；这是因为在低温落叶之前，叶片中的叶绿素逐渐分解，被花青素和胡萝卜素等取代了。

住在哪里？

在中国，主要分布于黄河以南地区，如华中、华东、华南、西南，北可以到陕西、甘肃等西北地区。在日本、越南、印度等国亦有分布。

乌桕

Triadica sebifera (L.) Small.

又名：木蜡树、蜡子树、桕子树、木油树、木梓树、蜡烛树、琼仔等

环境

- 对土壤的适应性较强，不同质地的土壤，以及酸性、中性或微碱性的土壤，均能生长，是抗盐性强的乔木树种之一。
- 对土壤湿度要求较高，且能耐短期积水。
- 有一定的抗风性、耐旱性和耐瘠薄性。
- 对有毒氟化氢气体有较强的抵抗性。
- 喜光，年平均温度15℃以上地区均可栽植。
- 海拔500米以下向阳的缓坡，或石灰岩山地生长良好。

用途

- 秋季叶片变色，作为观赏植物，是常见的行道树、庭园树。
- 木材密致，易于加工。木材白色，坚硬，不翘不裂，纹理细致，可作家具和雕刻等用材。
- 可作为中医药材，民间用其叶部医治蛇毒、消腹水等。

小常识

欣赏乌桕树时，运气好的话会看到一种很奇特的虫——渡边氏东方蜡蝉（又称提灯虫或灯笼虫）。

这种虫出现在夏季至秋季，成虫偏好栖息在乌桕与白桕的树干上，因为它们只吸食乌桕与白桕的树汁。体长 4.5~8 厘米，多生活在中国南部海拔 1000 米以下的山区。

05 朱槿

金风细细。叶叶梧桐坠。
绿酒初尝人易醉。一枕小窗浓睡。
紫薇朱槿花残，斜阳却照阑干。
双燕欲归时节，银屏昨夜微寒。

——北宋·晏殊《清平乐》

历史文化

词人面对许多植物花叶在秋风中凋萎、掉落的现象，而表现出内心的感伤。大意说，秋风正在细细吹拂，梧桐树叶缓缓飘下。初尝香醇的绿酒更容易让人醉，在小窗前酣眠浓睡。紫薇和朱槿都是夏天开花的植物，到了秋天，它们在寒风吹拂下已逐渐凋零，只有夕阳映照着楼阁栏杆。双燕将要南归，镶银的屏风昨夜已微寒。词人利用周围事物的细微变化，来表达此时的心绪情怀。

朱槿，古籍称之为“扶桑”，栽培观赏历史悠久，是《山海经》和《楚辞》当中记载的神树。《山海经·海外东经》云：“汤谷上有扶桑，十日所浴，在黑齿北。”屈原的《九歌·东君》记载：“暾将出兮东方，照吾槛兮扶桑。”王逸注：“日出，下浴于汤谷，上拂其扶桑。”“汤谷”是神话传说中太阳升起之处；“扶桑”叶如桑，树长者二千丈，大二千余围，是太阳升起的大树。“扶桑”也是传说日出的地方，古代诗文常用来代指太阳。

朱槿从古代开始就是出名的观赏性植物，西晋时期的一本著作《南方草木状》就已出现朱槿的记载。花大色深红，四季常开。在全世界，尤其是热带及亚热带地区多有种植。

近代所称的“扶桑”，花除朱红色外，还有深红、浅红、粉红、橙色、金黄色等，叶形、花形都与原朱槿有很大的差异，许多现代称为“扶桑”的植物，大多是杂交种。

典故延伸

- 瘴烟长暖无霜雪，槿艳繁花满树红。

——唐·李绅《朱槿花》

说的是满树红花的朱槿。

- 殷鲜一相杂，啼笑两难分。

——唐·李商隐《槿花二首》

描绘深红色和鲜红色的朱槿花，争先恐后地挤在一起，让人印象深刻。

- 南无艳卉斗猩红，净土门传到此中。

——明·桑悦《咏扶桑》

说的都是花色大红的朱槿。

特征

我是常绿灌木或小乔木，高 1~3 米；树皮多纤维质，不易折断。叶为单叶互生，卵形、阔卵形或狭卵形，长 5~8.5 厘米，宽 2~5 厘米，叶缘粗锯齿或有刻痕，近于顶尖处或为全缘。

植株

我的花大而艳丽，多为单生，腋生，直径 7~12 厘米；花柄长 5~7 厘米，有关节；苞片（副萼）6~7 枚，线形或线状披针形；花萼钟形，绿色，先端有裂片 5；花瓣大而呈鲜红色；雄蕊多数，合生成雄蕊筒，先端游离；雌蕊 1 枚，5 室；花柱甚长，苞于中空的雄蕊筒中；柱头 5，圆球形，上有绒毛。蒴果。

住在哪里?

我的原产地可能是中国的华南、印度、东非等地，现广泛分布于热带及亚热带地区，尤其以南太平洋的岛屿栽植最多。以高压或嫁接法栽培，耐修剪，发枝力强，广泛种植于庭园、校园、公园及田间等，是常见的围篱植物。

我的家族木槿属杂交栽培品种繁多，注册命名的品种有万余种，而没有注册命名及不知名的杂交品种，更是远远超过这个数量，这些品种均适于庭园种植。

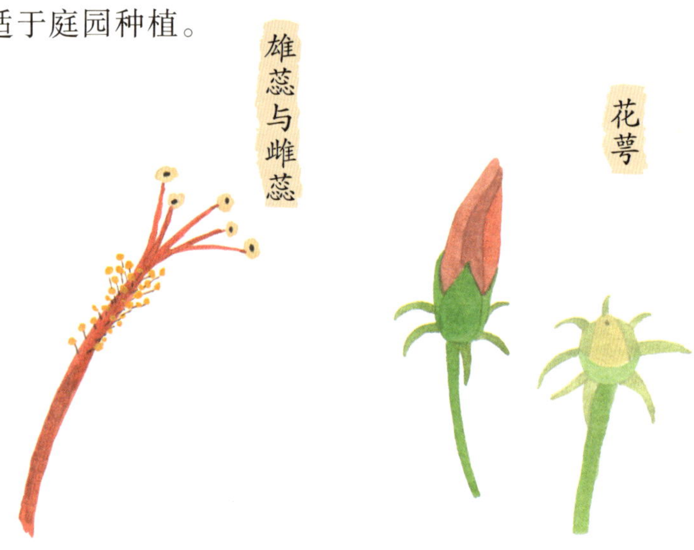

朱槿

Hibiscus rosa-sinensis Linn.

又名：扶桑、佛桑、大红花、赤槿、桑槿、日及、照殿红等

环境

- 易栽培的树种，抗干燥性强，但较不耐寒。
- 喜好阳光，属强阳性植物。性喜温暖、湿润气候，日照充足、高温时，生长、开花俱佳。
- 生育适温22~30℃。室温低于5℃时叶片转黄脱落，低于0℃，即遭冻害。
- 对土壤的适应范围较广，但以富含有机质、pH值6.5~7的微酸性土壤最好。

用途

- 常见的园艺景观植物：公园、绿地、庭园、绿篱等均有栽种。

小常识

草本植物，是一类植物的总称，但并非植物科学分类中的单元，与草本植物相对应的概念是木本植物，人们通常将草本植物称为“草”，而将木本植物称为“树”。

草本植物，依叶脉的不同，可分为单子叶草本、双子叶草本以及草质藤本。

木本植物，依茎的高度、侧枝在主茎的高低，可分为乔木、灌木，以及木质茎无法直立的木质藤本。乔木：有明显主干，且在比较高处才分枝。依高度不同可区分成大乔木、中乔木、小乔木。灌木：无明显主干，且在接近基部处就分枝。依高度不同可区分成大灌木、中灌木、小灌木。木质藤本：茎不能直立，必须缠绕或攀附在它物而向上生长。

06 沉香

燎沉香，消溽暑。

鸟雀呼晴，侵晓窥檐语。

叶上初阳干宿雨，

水面清圆，一一风荷举。

——北宋·周邦彦《苏幕遮》（节录上片）

历史文化

这首词非常著名，大意是说：点燃沉香，来消除夏天闷热潮湿的暑气。鸟雀鸣叫呼唤着晴天，拂晓时分，（我）偷偷听着屋檐下的窃窃私语。荷叶上初出的阳光晒干了昨夜的雨，西湖水面上的荷花清润圆正，荷叶迎着晨风，每一片都被吹动。

人类使用沉香已有三千多年，在中国也有两千多年的历史，最早见于梁代陶弘景的医书《名医别录》中（五〇二—五六六年），被列为“上品”。隋唐诗文中记载很多。在宋代，香文化发展到了顶峰，沉香已经完全融入社会生活中。周邦彦《苏幕遮》的“燎沉香，消溽暑”句子，即可为证。沉香自古除作为药材，也用于驱秽避邪、养身修心，并作香料用。

沉香植物木质部分受到外伤或真菌感染刺激后，会大量分泌带有浓郁香味的油脂，以保护植物体不被持续侵害，此油脂即为沉香油。具沉香油的木材，在燃烧时的浓烟会散发出强烈香气。

沉香油的黑色芳香脂膏和木材凝结为块，成为沉香木。含油量高的沉香木，入水能沉，故称“沉香”，又名“沉水香”或“水沉香”。未受外物感染刺激的沉香木木材，并不具油脂（沉香油），无特殊的香味，而且木质较为轻软，会浮在水面上。四大名香“沉檀龙麝”之“沉”，就是指沉香。沉香属（*Aquilaria* spp.）植物能产生沉香油的树种约有八种，大都分布在中南半岛及群岛。

典故延伸

- 宝函钿雀金鸂鶒，沉香阁上吴山碧。

——唐·温庭筠《菩萨蛮》

装佛经的盒子，外部镶有金、银、玉、贝的雀形首饰，盒里散发出沉香的味道。

- 沉香甲煎为庭燎，玉液琼苏作寿杯。

——唐·李商隐《隋宫守岁》

此诗描写庆贺新年（除夕）的情景，意为燃起名贵的沉香，举起玉液琼浆，来祝贺新岁之开始。

特征

我是常绿小乔木。叶革质，圆形、椭圆形至长圆形，长 5~9 厘米，宽 2.8~6 厘米，先端锐尖或急尖而具短尖头，基部宽楔形；叶柄长 0.5~0.7 厘米。伞形花序；花芳香，黄绿色；萼筒浅钟状，两面均密被短柔毛，5 裂；花瓣退化呈鳞片状；雄蕊 10；子房卵形，

植株

密被灰白色毛，2 室，每室 1 胚珠，花柱极短或无，柱头头状。

我的蒴果，果梗短，卵球形，幼时绿色，长 2~3 厘米，直径约 2 厘米，顶端具短尖头，外密被黄色短柔毛，2 瓣裂，2 室，每室具有 1 种子；种子褐色，卵球形，长约 1 厘米，基部具有附属体，附属体长约 1.5 厘米，下端呈柄状。

住在哪里？

我的产地主要分布于印尼、越南、柬埔寨、老挝、泰国、马来西亚、新加坡等东南亚地区，中国海南岛也有分布。这些地区亦生产具有沉香油的沉香木。

具沉香油的木材

沉香

Aquilaria agallocha Roxb.

又名：蜜香、栈香、沉水香、奇南香、伽南香、青桂香、崖香等

环境

- 喜高温，年平均温度20℃以上的气候条件适宜生长。
- 幼株喜阴，成株喜阳，只有充足的光照，才能正常开花结果和结出高品质的沉香。
- 喜润湿、耐干旱，对土壤要求不高，在酸性的砂壤土、黄壤土和红壤土均能生长。
- 海拔1000米以下的避风向阳缓坡地、丘陵、平原地区均可栽种。

用途

- 沉香木是珍贵的香料，可制成熏香、香料等。
- 《本草纲目》记载，沉香木有强烈的抗菌效能、香气入脾、清神理气、补五脏、止咳化痰、暖胃温脾、通气定痛、能入药，是药材极品。

小常识

沉香是著名的四大名香之一。除沉香外，还有龙脑香（龙涎香）、檀香、麝香。

一些种族或宗教会使用各种香来驱邪、消暑、治病，或是用在各种传统活动的仪式上。

07 橙

白酒欺人易醉，黄花笑我多愁。
一年只有秋光好，独自却悲秋。
风急常吹梦去，月迟多为人留。
半黄橙子和诗卷，空自伴床头。

——南宋·程垓《乌夜啼》

历史文化

这首词描绘了一个孤独而忧愁的夜晚。诗人饮酒已醉，乌鸦在黑夜中啼叫，更加深了他内心的孤独。黄花嘲笑世人多愁，然而，一年之中只有秋天的景色给他带来些许的安慰和希望。狂风常常吹散他的梦境，月亮则总是迟迟不回来。诗人只有半个橙子和一卷诗书陪伴，怎能不孤独？

橙是柑橘类水果，有酸橙和甜橙。酸橙果实太酸，无法生食；当水果食用的甜橙，果实含有大量的糖分和一定量的柠檬酸，以及丰富的维生素C，营养价值较高，色、香、味俱佳，是鲜食用的优良果品。而甜橙是酸橙在华南的变种。研究发现，甜橙是柚子（*Citrus grandis* Osbeck.）与橘子（*Citrus reticulata* Blanco.）的杂交种。考古证据显示，早在公元前两千五百年，中国就已开始种植橙子。

据考证，约于一五二〇年，葡萄牙人从中国将甜橙引入欧洲；一五六五年，又从欧洲转引至美洲，同时期，又从欧洲转引入北非等地。世界各国栽培的甜橙类均源自中国南方的广东或福建。在广东，甜橙的栽培史可追溯到公元二至三世纪的《东观汉记》及《南方草木状》的相关记载。

典故延伸

- 一年好景君须记，最是橙黄橘绿时。

——北宋·苏轼《赠刘景文》

橙子黄熟，橘子还绿，是指秋天宜人的景色。

- 折残金菊，枨子香时新酒熟。谁伴芳尊，先问梅花借小春。

——南宋·范成大《减字木兰花》

作品反映了农村生活。金菊是黄色的菊花，秋天盛开；枨子即橙子。

特征

我是常绿小乔木，高 2~3 米；小枝呈扁压状的棱角，无刺或稍有刺。单身复叶，叶翼窄，宽 0.2~0.3 厘米，和叶交结处有明显的隔痕；叶片椭圆形，长 6~12 厘米，宽 3~5.5 厘米，先端渐尖，基部阔楔形，边缘有不明显的波状锯齿；革质。叶柄长 0.8~1.8 厘米。

植株

我的花萼杯状，3~5 裂；花瓣通常为 5，长椭圆形；雄蕊多数，花丝常数簇连合着生在花盘上；子房 10~13 室，每室有胚珠 4~8 枚，子房近球形，花柱粗大。果大，圆形至长圆形，果皮淡黄、橙黄或淡血红色，直径 7~9 厘米，果肉橙黄色至血红色，柔软多汁、有香味；果皮与果肉不易分离。

橙与橘最大的不同点在于：橙果粒结实、弹性饱满，外皮非常细致光滑，且表皮与果肉紧密结合，果瓣也不易分开。橘果外皮常宽松粗糙，可轻松剥皮，果瓣极易一瓣一瓣分开。

住在哪里？

我在中国秦岭南坡以南各地广泛栽种，西北也有栽植，但仅限在陕西西南部、甘肃东南部，西南至西藏东南一带海拔 1,500 米以下地区。甜橙分布在中国的 13 个省（自治区），主产于四川、广东、广西、福建、湖南、江西等省。

人工种植多选择热带或亚热带季风、地中海气候，丘陵、低山，或江、河、湖沿岸地区。

橙

Citrus sinensis (L.) Osbeck

又名：枨、枨子、柳橙、柳丁、甜橙、黄果、金环等

环境

- 橙树是喜阳植物，喜欢光照。
- 甜橙喜温暖湿润气候，最低生长温度 12.5℃，最适温度 23~29℃。耐寒力较差。
- 生长需水量大，不耐干旱。以年降水量 1000~1500 毫米为宜。雨量不足或分布不均，会影响生长发育。高温、严重干旱会导致果实停止生长，甚至枯枝落果。

用途

- 橙类含有糖类、膳食纤维、B 族维生素、维生素 C、类胡萝卜素、钙、磷、钾、柠檬酸、果胶等营养素，是钾含量颇高的水果。

小常识

柑橘类植物的种子于发育过程中会产生一个以上的胚，此种现象称为“多胚现象”。因此，播种一颗柑橘类的种子，有可能长出数株幼苗。

08 金橘

密约尊前难嘱咐。偷顾。
手搓金橘敛双眉。
亭榭清风明月媚。须记。
归时莫待杏花飞。

——北宋·黄庭坚《定风波》

历史文化

黄庭坚是北宋著名的文学家、书法家，江西诗派开山之祖，在诗、词、散文、书、画等方面取得很高成就。与张耒、晁补之、秦观都游学于苏轼门下，合称为“苏门四学士”。他这首词的大意是：难以开口秘密约定，仅能偷偷地望着。蹙着双眉无助地两手搓揉着金枣，期望对方记得与清风、明月为伴的亭阁水榭，别在杏花花落的春季末才回来。

金橘就是卢橘，也就是金柑，外观是椭圆形的柑橘类水果，果皮和果肉不易分离。成熟的金橘可以连果皮一起吃，果皮会带点甜味，甚至比果肉还要甘甜。

金桔则不同，果形外观是圆形，果皮和果肉可以剥离。果皮涩、辣，果肉极酸，通常不会直接食用，而是榨取果汁做成饮料。

宋代抗金名将韩世忠之子韩彦直所撰写的《橘谱》中说“金橘出江西，北人不识”，因宋仁宗的宠妃温成皇后喜爱吃，在宋仁宗景佑年中流行于京都开封（汴京），才为人所知，价格开始飙涨。宋朝著名的文学家欧阳修的《归田录》也说："金橘香清味美……温成皇后尤好食之，由是价重京城。"《本草纲目》所记载的"金橘"也是此种。

典故延伸

- 采杨梅，摘卢橘，饤朱樱。奉陪诸友，今宵烂饮过三更。

——南宋·葛长庚《水调歌头》

翠峰横，碧云凝。黎岭天高，建溪雷吼，归好不知行路难。龟山下，渐青梅初熟，卢橘犹酸。

——南宋·陈人杰《沁园春》

这里的卢橘即今之金橘、金柑、金枣；果椭圆球形，成熟时金黄色，很像枇杷。

- 罗浮山下四时春，卢橘杨梅次第新。日啖荔枝三百颗，不辞长作岭南人。

——北宋· 苏轼《惠州一绝》

此处则是苏东坡错将枇杷称为卢橘。

特征

我是常绿灌木，树高约 2 米；枝有刺。叶卵状披针形或长椭圆形，长 5~11 厘米，宽 2~4 厘米，墨绿色，顶端略尖或钝，基部宽楔形或近于圆；叶柄长达 1.2 厘米，翼叶甚窄。单花或 2~3 花簇生；花萼 4~5 裂；花瓣 5 片；雄蕊 20~25 枚；子房椭圆形，花柱细长，柱头稍增大。

植株

我的果是椭圆形或卵状椭圆形，长2~3.5厘米，橙黄至橙红色，果皮味甜，厚约0.2厘米，油胞常稍凸起，瓢囊5或4瓣，果肉味酸，有种子2~5粒；种子卵形，端尖、子叶及胚均绿色，单胚或偶有多胚。

住在哪里？

我在中国南方各地栽种，在福建、广东、广西栽种较多，耐寒性较差，故五岭以北较少见。

台湾兰阳平原全年阴湿多雨，日照不足，耐阴的金橘在宜兰成为头号特产；果实颜色金黄美观，故又名“金枣”。

金橘

Citrus japonica Thunb.

又名：卢橘、金柑、罗纹、山金豆、金枣等

环境

- 金橘性喜温暖湿润，稍耐寒，不耐旱，性耐阴，可忍受阳光不足的环境。
- 在富含腐殖质、疏松肥沃和排水良好的中性土壤生长佳。
- 可忍受的气温6~12℃，温度过低易遭受冻害，过高不利于来年开花结果。

用途

- 果实含有丰富的维生素C、金橘甙等成分，可维护心血管功能，对预防血管硬化、高血压等疾病有一定作用。
- 据《本草纲目》记载，金橘皮可补可泻，能理气也能下气，因此气郁体质者可以多吃金橘，改善体质。
- 叶有特殊的香气，是凤蝶科幼虫的食草植物。

小常识

依每枝叶柄上生长的叶子数量，可将叶子区分为单叶和复叶两大类。

复叶可以依排列方式不同再分为：三出复叶、掌状复叶、羽状复叶等。

09 花椒

灵均标致高如许，
忆生平、既纫兰佩，更怀椒糈。
谁信骚魂千载后，
波底垂涎角黍。

——南宋·刘克庄《贺新郎·端午》（节录下片）

历史文化

提起端午节，自然联想到屈原，本词咏端午节的风俗人情，托屈原之事，抒自己的怨愤之情。先赞颂屈原的品格，说屈原的精神千古永存，生平带着芳草佩兰，胸襟怀抱浸花椒的清醇美酒（椒糈）。谁信在千年之后，沉在江底的灵魂还会垂涎米粽？

花椒是《楚辞》中重要的香木，可以用来形容忠臣、孝子和君子。花椒最早的文字记载应该是在《诗经》，《唐风·椒聊》有一段："椒聊之实，蕃衍盈升。彼其之子，硕大无朋。椒聊且，远条且。"大意是：花椒果实一串串，种实繁多采满一升。他那个人呀，高大出众。一串串花椒，香气远飘。花椒树结果多，"蕃衍盈升"之句，有多子多孙的意思。《诗经》大多载录的是西周时期的民间诗歌，这首诗说明中国人在两千多至三千年前已经开始利用花椒。

花椒一般作为调味料，并可提取芳香精油，又可入药。在川菜的烹饪中，大量使用花椒；中国北方传统的家常调料中，花椒是必备的食材。古人认为花椒的香气可辟邪，古代的宫廷，用花椒加涂料糊墙壁，这种房子称为“椒房”，多是给皇后、宫女住的，后来的诗文就以椒房比喻宫女后妃。

花椒又可作为防腐剂，发掘的汉墓常以花椒填垫内棺，如在河北省满城县出土的汉代中山王刘胜墓，文物中有保存良好的花椒，就是利用花椒的防虫、防腐特性。

典故延伸

- 雨过风清洲渚闲，椒浆醉尽迎神还。

——唐·李嘉祐《夜闻江南人家赛神》

“椒浆”就是用花椒浸泡的酒。

- 调浆美著骚经上，涂壁香凝汉殿中。鼎馔也应知此味，莫教姜桂独成功。

——南宋·刘子翚《花椒》

“调浆”就是调制花椒酒；“骚经”指《楚辞》；“涂壁香凝汉殿中”，意为用花椒涂汉代宫廷的墙壁；“姜桂”指生姜和肉桂，都是古代用以去腥的香料。此诗说明花椒是香料，同时也是调料。

特征

我是落叶小乔木，高可达 7 米；茎上的刺常早落，枝有短刺。羽状复叶，小叶 5~13 片，叶轴常有甚狭窄的叶翼；小叶无柄，卵形，椭圆形，稀披

植株

花

叶

针形，叶缘有细裂齿。

我的花序顶生或生于侧枝之顶；花被片 6~8 片，黄绿色，形状及大小大致相同；雄花之雄蕊 5 枚或多至 8 枚；雌花心皮 3 或 2 个，花柱斜向背弯。

我的果紫红色，单个分果瓣径 0.4~0.5 厘米，散生微凸起的油点，顶端有甚短的芒尖或无；种子长 0.3~0.4 厘米。

果

住在哪里？

我原产于中国，北起东北南部，南至五岭北坡，东南至江苏、浙江沿海地带，西南至西藏东南部，华北、华中、华南均有分布，见于平原至海拔较高的山地。

花椒食材

花椒

Zanthoxylum bungeanum Maxim.

又名：椒、秦椒、蜀椒、川椒、山椒等

环境

- 喜阳光。在光照充足的条件下，树体生长发育健壮，椒果产量高，品质好。
- 性耐寒，平均气温为8~16℃的地区都有栽培。
- 根系耐水性很差，短期积水即可导致死亡。
- 根系喜肥好气，适宜肥沃壤土，砂壤土和中壤土最适合，极黏重的土壤不利于花椒生长。
- 花椒喜钙，在石灰岩山地上生长得特别好。

用途

- 作为调味料，花椒果及种子可去除各种肉类的腥气，增加食欲。
- 中医认为花椒果性味辛、温，可使血管扩张，有降血压的作用。
- 温中散寒、除湿止痛、抗菌杀毒。

小常识

芸香科的植物，包括柑橘类及花椒等经济植物。

芸香科植物体各部分都含有挥发油，且具有强烈的香气。叶及果皮上都有透明的油腺，人类取用为香料或医药。

10 木芙蓉

渐亭皋叶下，陇首云飞，素秋新霁。
华阙中天，锁葱葱佳气。
嫩菊黄深，拒霜红浅，近宝阶香砌。
玉宇无尘，金茎有露，碧天如水。

——北宋·柳永《醉蓬莱》（节录上片）

历史文化

“拒霜”就是木芙蓉。词的大意：树叶慢慢落在水边岸上，白云飘在高山的顶峰，秋雨之后天气初晴。华美的宫殿耸入高空，锁住象征吉祥兴隆的云气。台阶旁边，新开的菊花深黄色，木芙蓉呈现浅红色。华丽的殿宇洁净无尘，铜柱上的承露盘里盛满了甘露，碧蓝的天空洁净如水。

木芙蓉花，花瓣内的花青素浓度会依日照时间变化。光照时间不同，花瓣颜色就会不同：清晨开白色花，中午转桃红色，傍晚又变成深红色。花色一日三变，故又名“三变花”“三醉芙蓉”；木芙蓉花晚秋始开，受到寒霜凌虐，却反而姿色艳丽，不畏霜侵，因而又名“拒霜花”。

由于花大而色丽，中国自古以来多在庭园栽植，可孤植、丛植于墙边、路旁、建筑物前，或栽作花篱、盆栽观赏。景观造园名书《长物志》说道：“芙蓉宜植池岸，临水为佳”，因此木芙蓉又有“照水芙蓉”之称。木芙蓉配植在水滨，开花时波光花影，分外美丽。

五代后蜀皇帝孟昶，爱妃名“花蕊夫人”，有才有貌，特别喜爱木芙蓉花。孟昶为讨爱妃欢心，在成都“城头尽种芙蓉，秋间盛开，蔚若锦绣（精美鲜艳的丝织品）”。花开时节，成都果然“四十里如锦绣”，成都因此名为“芙蓉城”。唐代女诗人薛涛，以木芙蓉的树皮做材料制纸，加工成为美丽的专用诗笺，称为“薛涛笺”。

典故延伸

- 千林扫作一番黄，只有芙蓉独自芳；唤作拒霜知未称，细思却是最宜霜。

——北宋·苏轼《和陈述古拒霜花》

木芙蓉开在深秋，象征冰心傲骨的人品；东坡认为木芙蓉不只是“拒霜”，而是“最宜霜”。

- 小池南畔木芙蓉，雨后霜前著意红。犹胜无言旧桃李，一生开落任东风。

——南宋·吕本立《木芙蓉》

诗中道出了诗人的人生抱负、期许与选择。秋雨冷酷，严霜威逼，木芙蓉无半点怯意。诗人借这样一株独立池畔、凌厉傲岸的木芙蓉，来抒发自己的报国情怀。

特征

我是落叶灌木或小乔木，高 2~5 米；小枝、叶柄、花梗和花萼均密被星状毛与直毛相混的细绵毛。叶宽卵形至圆卵形或心形，直径 10~15 厘米，常 5~7 裂，裂片三角形，先端渐尖，具钝圆锯齿；叶

植株

柄长 5~20 厘米；托叶披针形，常早落。

我的花单生于枝端叶腋间，花梗长 5~8 厘米，近端具关节；小苞片 8，线形，密被星状绵毛；萼钟形，裂片 5，卵形；花瓣近圆形，直径 4~5 厘米，花初开时呈白色或淡红色，后变深红色，直径 8~10 厘米；雄蕊筒长 2.5~3 厘米；花柱 5。

我的蒴果，扁球形，直径约 2.5 厘米，被淡黄色刚毛和绵毛；种子肾形，背面被长柔毛。

住在哪里？

我原产于中国，分布于黄河流域、长江流域各省，四川、湖南两省较为常见。

在日本及东南亚各国都有栽培。

木芙蓉

Hibiscus mutabilis L.

又名：芙蓉花、拒霜、拒霜花、木莲、地芙蓉、霜降花、照水芙蓉等

环境

- 喜温暖、湿润环境，不耐寒，忌干旱，耐水湿。
- 对土壤要求不高，瘠薄土地亦可生长。

用途

- 供观赏。
- 花、叶均可入药，有清热解毒、消肿排脓、凉血止血之功效。
- 茎皮纤维素含量约为39%，洁白柔韧、耐水湿，可供纺织、制绳、缆索、作麻类代用品等，也可用来造纸。
- 古人还用木芙蓉鲜花捣汁为浆，染丝作帐，称为“芙蓉帐”。

小常识

植物的枝、叶、果实等器官的表皮细胞，常生有毛状的附属物，叫作表皮毛。常见的有盾状毛、星状毛等。

盾状毛是由一个多细胞的盘状体着生在一个柄上，或直接附着于毛基上的毛状体。

星状毛是指有数根毛从基点向各方辐散，成为星形的构造。星状毛的芒数量因种而异，有的只有二三条，也有五到八条，甚至数十条的。

11 芦苇

芦叶满汀洲，寒沙带浅流。
二十年、重过南楼。
柳下系舟犹未稳，能几日，又中秋。

——南宋·刘过《唐多令》（节录上片）

历史文化

作者和一些友人在安远楼聚会，酒席上一位女客请他作词，这是这首词的上段（片）。大意是说：芦苇长满沙洲，浅浅的流水在寒冷的沙滩上流过。二十年突然过去，今日我又登上这个旧地南楼。柳树下的小舟还未系稳，我就匆忙下去了，因为再过几日就是中秋了。

芦苇为全球广泛分布的多型种。生于江、河、湖、泽、池塘、沟渠沿岸和水边湿地等。在各种有水的空旷地带，芦苇常以迅速扩展的繁殖能力，形成大型连片的群落。在开花季节特别漂亮，可供观赏。

芦苇根茎四布，有固堤之效。大面积的芦苇不仅可调节气候、涵养水源，所形成的良好湿地生态环境，也为鸟类提供栖息、觅食、繁殖的家园。芦苇的叶、茎、根状茎都具有通气组织，有净化污水的作用。

中国各地都有芦苇，历代骚人墨客都有描写芦苇的作品。《诗经》的《蒹葭》篇，就有著名的诗句：“蒹葭苍苍，白露为霜。所谓伊人，在水一方。”“蒹葭”的“葭”就是芦苇。大意是：芦苇依水而生，入秋后布满白霜，我思念的人啊，就在河水那一方。

典故延伸

- 夹岸复连沙，枝枝摇浪花。月明浑似雪，无处认渔家。

——唐·雍裕之《芦花》

说的是河两岸沙洲上的芦苇，摇曳着花枝。明月下芦花白如雪，不知何处是渔家。

- 苍茫沙嘴鹭鸶眠，片水无痕浸碧天。最爱芦花经雨后，一篷烟火饭鱼船。

——北宋·林逋《咏秋江》

诗中描绘静谧的秋江景色：鹭鸶安详地在苍茫的沙滩上休憩，水面上平静到连一点涟漪都没有；看到芦花被刚刚下的雨淋湿，袅袅炊烟从渔船上慢慢升起。

特征

我是多年生大型禾草，植株高大；秆高可达 4 米，节间中空；具粗壮的横走根茎。叶排成 2 列，叶鞘抱茎；叶片扁平，带状披针形，长 30~60 厘米，宽 1~3.5 厘米，灰绿色或深绿色，先端渐尖，全缘。

我的花是圆锥花序顶生，长 20~50 厘米，暗紫色或褐紫色，小穗多数，密集；小穗通常有 4~7 朵小花；小花下之基盘延伸呈小轴状，密被长绢毛；

第 1 小花通常为雄性；两性花雄蕊 3，雌蕊 1，花柱 2，柱头羽状。果实为颖果，披针形。

住在哪里？

我是全球广泛分布的多型种，遍布于全世界热带至温带地区；中国亦广布芦苇，如东北、内蒙古、新疆、华北平原等，都有大面积的分布。

全世界现有的芦苇属植物大约有 10 种。

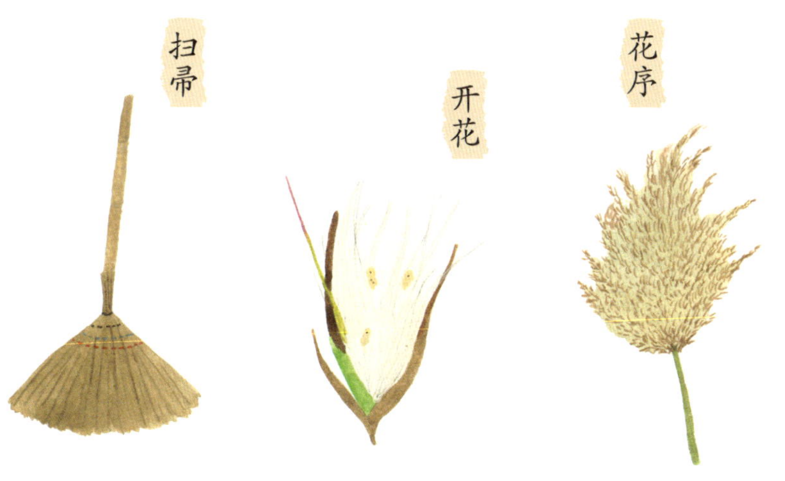

芦苇

Phragmites australis (Cav.) Trin. ex Steud.

又名：芦、苇、葭、芦苇、蒲芦、碧芦、蒲苇等

环境

- 除森林不生长外，各种有水源的空旷地带的向阳环境，包括沼泽、河边、湖岸、海滩等湿地，都能迅速繁殖。

用途

- 是观赏植物，也是优良固堤植物。
- 茎秆坚韧，纤维含量高，是造纸工业中不可多得的原料。古人用其来编制苇席、铺炕、盖房等。
- 芦苇穗可以制作扫帚，芦苇花絮可以填充枕头，芦苇根具有健胃和利尿的功效。

12 芒

莫听穿林打叶声，何妨吟啸且徐行。
竹杖芒鞋轻胜马，谁怕？
一蓑烟雨任平生。

——北宋·苏轼《定风波》（节录上片）

历史文化

这首记事抒怀之词作于宋神宗元丰五年（一〇八二年）春，是苏东坡因“乌台诗案”被贬为黄州团练副使的第三个春天。词人与朋友到湖北黄冈的沙湖出游，归途遇雨后作了此词。大意是：不用管那穿林打叶的雨声，不妨一面高歌一面悠然地行走。拿着竹杖、穿着芒草鞋，轻捷地胜过骑马，有什么可怕的？穿着蓑衣任凭风吹雨打，照样过我的一生。此词可感受到作者的豁达与乐观。

草鞋历史悠久，应该是人类鞋子的祖先。明代李时珍《本草纲目》记载：“世本言黄帝之臣始作履，即今草鞋也。”草鞋可用蒲草、稻草，或其他草类的叶茎编制，也可以用芒草的茎秆制作。据史料记载，在古代，草鞋仅为一般士人或贫者所穿。文学作品常可见到关于草鞋的描述，如《水浒传》第十五回：“（吴用）穿上草鞋……连夜投石碣村来。”

草鞋有轻便、耐水、防滑的特点，适宜登山跋涉。用芒草茎秆编织而成的鞋子，称“芒鞋”“芒履”，长期流行于中国许多地区。芒鞋价格低廉，也比用蒲草或稻草编制的鞋耐穿。

诗文多有载录，如宋人朱敦儒的《减字木兰花》词句：“闲人行李。羽扇芒鞋尘世外。一叠溪山。也解分风送客帆”，述说潇洒的文士，手里摇着羽毛扇子，脚下穿着芒草鞋，云游尘世。章回小说也有很多穿芒鞋和尚的陈述，如《西游记》第四十三回唐僧自述：“芒鞋踏破山头雾，竹笠冲开岭上云。”

典故延伸

- 尽日寻春不见春，芒鞋踏遍陇头云。归来笑拈梅花嗅，春在枝头已十分。

——唐·梅花尼子《悟道诗》

芒鞋在古典诗词与小说中都代表贫士，或是佛僧朴实的穿着。

- 鼻如悬胆两眉长，目似明星蓄宝光。破衲芒鞋无住迹，腌臜更有满头疮。

——清·曹雪芹《红楼梦》第二十五回

描述癞和尚的装束，说和尚穿着补缀很多的佛僧服，脚下着芒鞋。

特征

我是多年生草本，秆高 1~2 米；地下茎发达。叶片线形，长 30~60 厘米，宽 0.6~1.2 厘米，下面疏生柔毛及被白粉，边缘粗糙。

我的圆锥花序直立，长 15~40 厘米；分枝较粗硬，直立，不再分枝或基部分枝具第二次分枝，长 10~30 厘米；小枝节间三棱形，边缘微粗糙；小穗呈披针形，黄色有光泽，基盘具白色或淡黄色的丝

状毛；雄蕊 3；柱头羽状，长约 0.2 厘米，紫褐色，从小穗中部之两侧伸出。颖果长圆形，暗紫色。

住在哪里？

我的分布范围从亚洲的热带、亚热带地区，到亚洲的温带地区；在中国分布于台湾、广东、广西、福建、贵州、云南、西藏东南部、四川、湖南南部、江西南部、浙江南部。

我常以杂草的形式，在郊野、山坡，或人工设施周围生长。

芒

Miscanthus sinensis Andersson.

又名：芒草、高山芒、黄金芒、金平芒等

环境

- 不择地利，适应力强，从海埔地、河床地、废耕的农地、山坡地、开矿后的废地，到公路两旁的新生地等都能生长。
- 低海拔到高海拔（3000米左右）都能生长。也可以生长在高盐分、重金属、干旱地区。

用途

- 山坡地常见的地被植物，有助于水土保持。
- 农业时代，芒草用来制作扫帚、修葺屋顶，芒草秆可用来编墙、围篱笆。
- 芒草群落为许多动物提供了生存的空间，常有莺亚科的鸟类在芒草上跳跃、筑巢、觅食等。芒草也是弄蝶类的食草。

13 胡麻

梅花时候君轻去，
曾寄红笺句。
胡麻好种少人知，
正是归时何处、误芳期。

——北宋·晁补之《虞美人》（节录上片）

历史文化

这首词写的是一个妇女独自支撑家庭的艰辛和埋怨：梅花时节，丈夫就云淡风轻地离去了，虽然其间有用红色的书信叙情。春天种胡麻的季节，还没有归来和我一起耕种。应该回来的时候，却看不到身影，耽误我的青春啊。

胡麻原产于印度，西汉时由张骞自西域引入，在中国栽培历史悠久。现在通称芝麻。胡麻种子含油百分之五十五，是重要的油料作物，榨取的油，气味芳香，称为麻油、胡麻油或香油，可食用；也可用于医药，作为软膏基础剂、黏滑剂、解毒剂等，也可用来制造奶油和化妆品。

古代粮食不足时，亦蒸煮胡麻种子作主食，称“胡麻饭”，如宋代白玉蟾《寄郑天谷》诗句：“汉蕨可羹今已晚，胡麻未饭必须仙。”也能煮粥，称“胡麻粥”，如宋代黄庭坚《药名诗奉送杨十三子

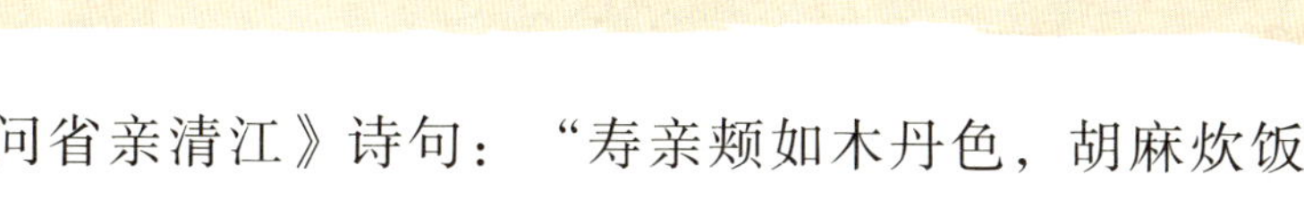

问省亲清江》诗句："寿亲颊如木丹色，胡麻炊饭玉为浆。"

在古代，芝麻被视为延年益寿类食品，也是重要的药材。《明医录》说胡麻具有坚筋骨、明耳目、耐饥渴、延年等功效。晋代的葛洪认为，芝麻能使身面光泽，白发还黑。近代，胡麻用作烹饪原料，如做糕点的馅料，点心、烧饼的材料，亦可作为菜肴辅料。

日常生活中，人们常吃的芝麻制品有：芝麻粉、芝麻糊、芝麻饼、芝麻酱等。

典故延伸

- 蓬鬓荆钗世所稀，布裙犹是嫁时衣。胡麻好种无人种，正是归时不见归。

——唐·葛鸦儿《怀良人》

大意是：原本满头的秀发如今乱如飞蓬，用黄荆枝条做成发钗别在头上，还穿着出嫁时娘家陪嫁的布裙，过着贫穷的日子。已经到了春耕播种芝麻的时候，丈夫还没回来，谁来和我一起播种呢？

- 胡麻饼样学京都，面脆油香新出炉。寄与饥馋杨大使，尝看得似辅兴无。

——唐·白居易《寄胡饼与杨万州》

特征

我是一年生草本，高可达 1 米；茎直立，四棱形，多不分枝。单叶对生，但有时在枝条先端者互生，叶卵形至椭圆或披针形，长 7~16 厘米，宽 1.8~3 厘米，先端锐尖或截断状，纸质，全缘或有锯齿；叶柄细长，长 1.5~5 厘米。

我的花单生或2~3枚丛生叶腋，白色有紫色或黄色彩晕；花萼先端5裂；花冠筒状，长1.8~2.5厘米，先端5裂；雄蕊4；子房上位，圆柱形，有柔毛，胚珠多数，花柱细长。

我的果实为蒴果，圆柱形或椭圆形，长2~2.5厘米，成熟时纵裂；种子多数，扁平圆形，黑色、白色或淡黄色。

住在哪里？

我原产于印度，中国自古栽培，日本由中国传入。广泛种植在热带及温带地区，国内主要分布在黄河及长江中下游各省，如湖北、安徽、江西、河北等地。

胡麻

Sesamum indicum L.

又名：芝麻、脂麻、油麻、乌麻、巨胜、苣藤等

环境

- 性喜温暖，不耐低温。生长温度为24~32℃，低于18℃则植株生长缓慢。
- 不耐淹水，为需水性较低的耐旱作物，宜栽植在排水良好且富含有机质的中性或微酸性的砂质土或砂质壤土中。
- 不耐连作，因胡麻病害多数由土壤传播，故一般旱田每隔2~3年轮种一次，最好能与水稻轮作以减少病虫害。

用途

- 种子为重要的食物，常制成芝麻糊或芝麻粉。
- 种子榨的油叫麻油，可供食用及工业用。
- 种子药用，可补肝肾、益精血、润肠、通乳。治头晕眼花、耳鸣耳聋、须发早白、病后脱发、肠燥便秘、妇人乳少等。

14 红蓼

木叶亭皋下，重阳近，又是捣衣秋。
奈愁入庾肠，老侵潘鬓，谩簪黄菊，
花也应羞。
楚天晚，白苹烟尽处，红蓼水边头。
芳草有情，夕阳无语，雁横南浦，
人倚西楼。

——北宋·张耒《风流子》（节录上片）

历史文化

作者羁旅在外，萧瑟的秋景引出了愁绪和对妻子的思念。词中的景物都和秋天有关，特别是黄菊和红蓼（liǎo），都是秋季的代表植物。词句大意：树叶纷纷飘落到水边地面上，重阳节近了，又是捣寒衣的秋天。怎奈心中愁绪萦绕，两鬓生白发，随意地将菊花插在头上，花应该也觉得羞辱吧！天色已晚，远望白苹烟尽之处，开满红花的红蓼分布在水边远处。芳草含情，夕阳寂静，大雁栖息在南浦上，人则斜倚西楼深思。

凄冷的秋天常会引起文人的悲怀感伤，他们选用代表秋意的景物，例如：南飞的鸿雁、飘零的落叶等，以抒发心中的伤感。诗文中也常利用秋季具鲜艳色彩的植物种类来表现悲秋的意象，令人读后感受到作者的悲怆心情。

红蓼的茎粗壮直立，枝叶舒展，在萧瑟的秋风中开出红艳妖娆的花，像麦穗一样紧密地排列在花枝的上端摇曳，非常美丽动人，是属于典型的美艳秋季花卉。

最早描述红蓼的古典文献应该是《诗经》，《郑风·山有扶苏》篇中写道："山有乔松，隰有游龙。"隰（xí），就是湿地，"游龙"就是红蓼。说明红蓼生长在湿地、水边。生长在水边的红蓼娇艳动人，黄昏时分，红蓼花丛与晚霞相互映衬，把天边景色渲染得绚丽多彩。

典故延伸

- 十年诗酒客刀洲，每为名花秉烛游。老作渔翁犹喜事，数枝红蓼醉清秋。

——南宋·陆游《蓼花》

红蓼在古代诗人的笔下大多是凄清哀婉的意象。诗中的"刀州"就是益州。全诗大意：在益州过了十年与诗酒相伴的生活，一有空就游山玩水，寻找各种名花异卉，即使是夜晚也游兴不减。晚年退居家乡，在江边做个悠然自得的渔夫，在这爽朗的秋日时节，与丛生江边红蓼相伴，令人陶醉。

- 秋波红蓼水，夕照青芜岸。

——唐·白居易《曲江早秋》

犹念悲秋更分赐，夹溪红蓼映风蒲。

——唐·杜牧《歙州卢中丞见惠名酝》

说的都是秋天的代表植物——红蓼。

水边成片生长的红蓼

特征

我是一年生挺水草本植物；茎直立，粗壮，高可达 2 米，上部多分枝；全株密生开展的长柔毛。叶宽卵形、宽椭圆形或卵状披针形，长 15~20 厘米，宽 6~12 厘米，顶端渐尖，基部圆形或近心形，全缘，密生缘毛，叶片两面密生柔毛；叶柄长 3~10 厘米；托叶鞘筒状，膜质，长 1~2 厘米。

我的花序呈穗状，顶生或腋生，长 4~7 厘米，花小，紧密排列，微下垂，通常是数个穗状花序再组成圆锥状；花被 5 深裂，白色或淡红色；雄蕊 7；花盘明显；花柱 2，柱头头状。

花序

茎与叶

我的果实是瘦果扁圆形，种子扁宽卵形，红褐色或黑褐色，包于宿存花被内。

住在哪里？

我广布于中国各地（除西藏外）。此外，朝鲜半岛、日本、俄罗斯、菲律宾、印度、马来西亚、澳大利亚等也有分布。

我在海拔 30~2700 米处的平地至低山区普遍可见。废耕水田、沟岸边、池畔及沿海湿地，往往成片生长。

红蓼

Persicaria orientalis (L.) Spach

又名：荭草、东方蓼、荭蓼、游龙、红草、水红花、大红蓼、天蓼等

环境

- 喜欢温暖湿润，光照充足。
- 适应性很强，能适应各种类型的土壤，喜肥沃、湿润、疏松的土壤，但也能耐瘠薄。
- 生命力强，几乎没有病虫害，粗放管理即可正常生长。

用途

- 植物体高大茂盛，花色红艳，是优良观赏植物，可以种植在庭园、墙脚、水沟旁、池塘边等。
- 果实入药，名“水红花”，有活血、止痛、消积、利尿功效。

小常识

水生植物，一般是指能长期或周期性地在水中或潮湿的土壤中正常生长的植物。根据沉水程度可细分为挺水植物、沉水植物、浮叶植物及漂浮植物等四类。

15 楝

日长高柳一蝉声。翡翠帘深宝篳清。梦远春云不散情。晓风轻。玉楝花飞宿雨晴。

——南宋·赵子发《忆王孙》

历史文化

这首词的大意是：夏日柳树上蝉声高叫，翠羽编织的帘帷内竹席清凉；早晨微风轻轻吹，一夜宿雨；清晨放晴后，楝树花随风飘扬。

楝树春天开紫白色的花，幽雅芬芳；夏季绿叶扶疏；秋季叶色变黄；冬季落叶，光秃秃的枝条上，挂满串串金黄色的果实。因此，一年四季都有观赏性。楝树对有毒、有害气体（特别是二氧化硫）有超强的吸收净化作用，是理想的行道树及庭园树。

中国古代多木构建筑，易遭受白蚁等蛀虫危害。但古人也观察到，迎风侧种有楝树的建筑物，木材虫害总是较为轻微。原来是因为楝树具有驱逐昆虫的化学物质：楝树皮、楝树叶、楝树子中含有楝树油。

楝树油味道很苦，喷在植物体上，可阻止昆虫栖息啃食。楝树油并不能毒死昆虫，而是让昆虫觉得厌恶，进而远离植物体的一种昆虫趋避剂，有明显的驱虫效果，间接达到防虫目的。另一方面，楝树油对蜜蜂及鸟类这些较大的、有益的动物，却没有任何害处，是极佳的生物环保防虫剂。

典故延伸

- 天香熏羽葆，宫紫晕流苏。

——唐·温庭筠《苦楝花》

诗中以鸟羽联缀为饰的“羽葆”、紫色颜料的“宫紫”和下垂的“流苏”来形容楝花。

- 小雨轻风落楝花，细红如雪点平沙。

——北宋·王安石《钟山晚步》

也是对楝树美的描述。

特征

我是落叶乔木，高可达30米；树干通直，树皮深纵裂纹，常有树脂凝结在枝干上。叶互生，2至3回奇数羽状复叶，小叶边缘呈锐锯齿或有齿裂。

我的圆锥花序，花多数，淡紫色，花冠径1.5~1.8厘米；花萼5裂；花瓣5，白色，长椭圆状披针形；雄蕊筒紫黑色，花蕊 10；子房着生于花盘上，5~6 室，花柱短，柱头头状；春天开花；花具香味。

我的果实呈核果状，椭圆形，直径 1~1.5 厘米，成熟时呈黄色，内果皮木质化，5~6 室。

因为我的木材味苦，故又称为苦楝。

住在哪里？

我分布在日本、中国、印度等地。

国内黄河以南各省区较常见。是平原及低海拔丘陵区的良好造林树种。

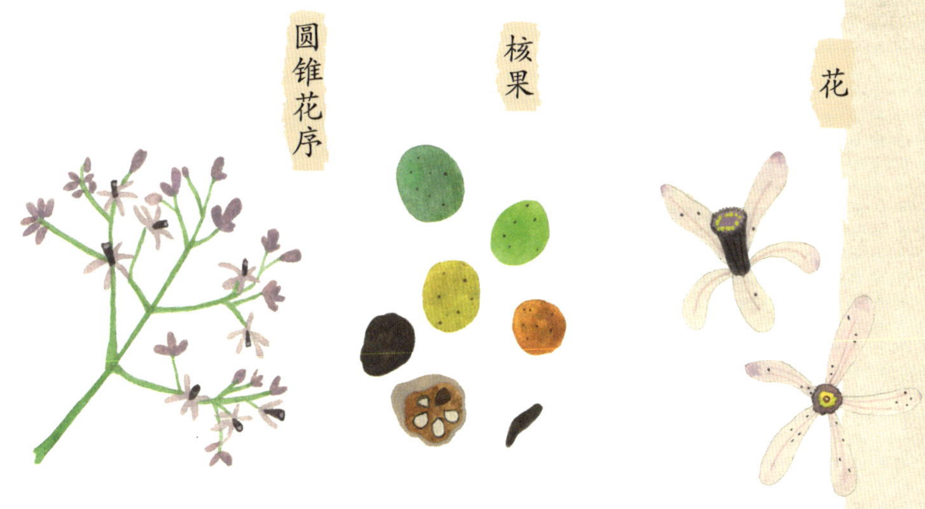

楝

Melia azedarach L.

又名：苦苓、楝、苦楝、楝树、紫花树、金铃子等

环境

- 喜温暖湿润气候，耐寒、耐碱、耐贫瘠、耐旱。适应性较强。
- 对土壤要求不严，在酸性土、中性土与石灰岩地区均能生长，但以土层深厚、疏松肥沃、排水良好、富含腐殖质的砂质壤土栽培为宜，在湿润的沃土上生长迅速。

用途

- 有极强的净化空气能力，常栽植为行道树或庭园树。
- 心材黄褐色，纹理粗而美，质地轻软有光泽，施工易且耐用，是制作家具、乐器等的良好材质。
- 种子称“风铃子”，能入药，主治虫积、疝痛。根、茎、树皮具毒性，可供药用。
- 叶及果实置于橱柜，有防虫效果。
- 植物体含楝树油，可应用在现代农业上。

16 蜀葵

万事一身伤老矣，
戎葵凝笑墙东。
酒杯深浅去年同，
试浇桥下水，今夕到湘中。

——南宋·陈与义《临江仙》（节录下片）

历史文化

词句中的“戎葵”就是蜀葵。这是陈与义在建炎三年（一一二九年）所作，这一年，陈与义迁居湖南、湖北一带；这首词反映了国家遭受兵乱的事实，词人在端午节凭吊屈原，以此抒发自己的爱国情怀。大意是：如今空有一身老病在，墙东的蜀葵，似乎在嘲笑我的凄凉。杯中之酒，看起来与去年相似，浇酒到桥下，让江水带着流到湘江去。

蜀葵因为最早在四川发现而得名，在中国的栽培历史悠久，历代诗文都有载录。较早的有南朝宋颜延之的《蜀葵赞》：“渝艳众葩，冠冕群英”；其后，有唐代岑参的《蜀葵花歌》：“昨日一花开，今日一花开。今日花正好，昨日花已老”；明代刘基《古歌》：“红葵高花高以妍，清晨方开夕就蔫”，其中“红葵”即蜀葵。

蜀葵花色有粉红、桃红、白色，甚至有接近黑色的深紫，深紫色的蜀葵被称为“墨葵”。蜀葵花期甚长，春季开始开花，能开到夏天结束。花期虽长，却不是一次就开满全株，而是从下而上的顺序开放；最盛时，整个花茎上几乎开满花，因此又有“一丈红”之名。

清代园艺学家陈淏子的《花镜》，称蜀葵“花生奇态，开如绣锦夺目”。叶大、花繁、色艳，花期长，是栽培很普遍的花卉。常种在建筑物旁、假山旁，或点缀花坛、草坪，成列或成丛种植。

典故延伸

- 眼前无奈蜀葵何，浅紫深红数百窠。能共牡丹争几许，得人嫌处只缘多。

——唐・陈标《蜀葵》

对于眼前的蜀葵实在是无可奈何，有的浅紫、有的深红，开起花来足足有几百棵，美丽堪比国色天香的牡丹，只是因为长得太多而被人嫌弃。

- 翩翩蝴蝶成双过，两两蜀葵相背开。

——南宋・陆游《秋光》

描绘乡村宁静优美的景色，说翩翩蝴蝶成双飞、蜀葵背对背开花。

特征

我是二年生直立草本，高可达 2 米；茎枝密被刺毛。叶近圆心形，直径 6~16 厘米，掌状 5~7 浅裂，表面疏被星状柔毛，粗糙，背面被星状长硬毛或绒毛；叶柄长 5~15 厘米，被星状长硬毛；托叶卵形，长约 0.8 厘米，先端具 3 尖。

植株

我的花腋生、单生或近簇生，排列成总状花序；小苞片杯状，常6-7裂；萼钟状，直径2~3厘米，5齿裂；花大，直径6~10厘米，有红、紫、白、粉红、黄和黑紫等色，单瓣或重瓣，花瓣先端凹缺；雄蕊筒长约2厘米。

我的果实为蒴果是盘状，直径约2厘米，被短柔毛，分果瓣近圆形，多数。

蒴果

住在哪里？

我原产于中国西南地区，目前在中国分布很广，华东、华中、华北、华南地区均有。世界各地都有广泛栽培。

蜀葵

Althaea rosea L.

又名：戎葵、大蜀季、一丈红、熟季花等

环境

- 喜欢阳光充足，耐半阴但忌水患。
- 耐盐碱能力强，在含盐 0.6% 的土壤中仍能生长。
- 耐寒冷，在华北地区可以安全露地越冬。
- 在疏松肥沃、排水良好、富含有机质的沙质土壤中生长良好。

用途

- 主要供观赏，特别适合种在院落、路旁等。矮生品种可作盆花栽培。
- 也可剪作切花，供瓶插或花篮、花束等用。
- 嫩叶及花可食，皮为优质纤维，全株入药，有清热解毒、镇咳利尿等功效。

17 苎麻

危亭望极，草色天涯，叹鬓侵半苎。暗点检、离痕欢唾，尚染鲛绡，亸凤迷归，破鸾慵舞。

——南宋·吴文英《莺啼序·春晚感怀》（第四片节录）

历史文化

本词是春晚感怀伤离悼亡之作。一共四片二百四十字，是最长的词调。

本段描写的是相思之苦，词人伤春叹老，抒发对逝者的无限哀悼。大意是说：登上高高的亭楼远望，只见一片芳草延伸到天边，叹息自己的鬓发大半已雪白如苎。默默地翻检着旧日的物品，丝帕上还留着离别时的泪痕和香唾。就像垂下翅膀的孤凤迷失了归路，也像孤苦无依的鸾鸟懒得飞翔起舞。词句中的“苎”就是白苎，作者用白色的苎麻纤维来形容自己的白胡须。

苎麻的茎富含纤维，可制绳索或织麻布，是古代重要的织布原料。《诗经·陈风》篇中有“东门之池，可以沤纻”之句，其中的“纻”就是苎麻。“沤纻”的意思是纺麻之前，先将连皮苎麻秆用水浸泡一段时间，树皮泡软、泡烂，才易剥下麻皮，洗出纤维用以织麻布。殷墟出土的“卜辞”中就有丝麻的象形文字，说明中国苎麻的栽培历史至少有三千年。

苎麻原产地在亚热带气候的中国西南地区，属于新石器时代良渚文化的浙江钱山漾遗址，出土的苎麻布和细麻绳，距今已有四千七百多年。如此说来，中国境内栽培苎麻的历史又可前推至约五千年前。

在各种麻类纤维中，苎麻的茎皮纤维最长、强力最大，颜色洁白有光泽。古代主要织成夏布，织成的布料强韧洁白，有光泽、耐水湿、易染色，且富弹力和绝缘性。中国的苎麻产量约占全世界产量百分之九十以上，国际上称为“中国草”。

典故延伸

- 男子耕农，种禾稻苎麻，女子桑蚕织绩。

——《汉书·地理志》

句中的“苎麻”是植物名称。

- 有梦皆蝴蝶，逢袍只苎麻。

——北宋·梅尧臣《二月五日雪》)

在此“苎麻”是织品。

特征

我是多年生亚灌木或灌木，高 1~2 米；茎直立，表面密被柔毛，多分枝，小枝有毛茸。叶互生，卵圆形或圆形，锐尖头，钝锯齿缘，长 10~15 厘米，宽 8~14 厘米，叶基截形至心形，叶表面翠绿粗糙，背面灰白色，密生绒毛；叶柄长 3~7 厘米。

我的圆锥花序腋出，小花数簇生成球状；花单生，雌雄同株异花；雄花花序多生于雌花序下方，集生成簇，黄白色，花被 4，雄蕊 4；雌花簇生成球

形，淡绿色，花被管状，4 裂，花柱 1。

我的瘦果细小，扁卵状，聚成小球形，被有细毛，由宿存的花被片完全包裹。

住在哪里？

中国南起海南省，北至陕西省都有我的种植记录，我主要分布于日本、菲律宾、马来西亚、印度尼西亚等地。

低山带、平野、道路两旁等开阔地广泛栽植。在“中国苎麻之乡”四川大竹县，种植面积达三十万亩。

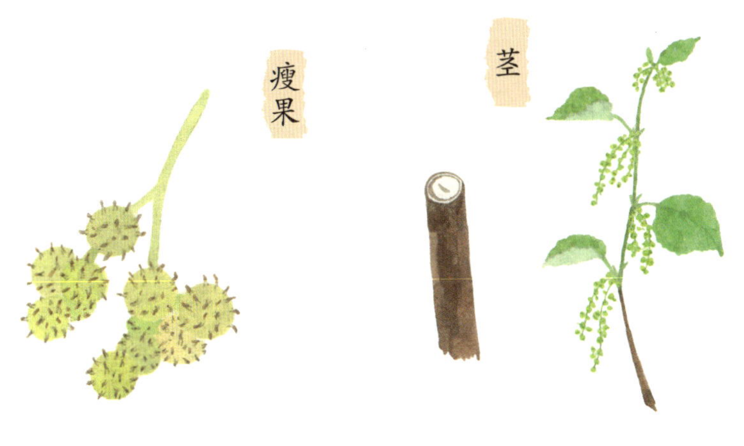

苎麻

Boehmeria nivea (L.) Gaudich.

又名：野麻、苎仔、青麻、白麻等

环境

- 喜欢阳光和温暖湿润气候，适合在深厚、排水性较好的土壤中生长。
- 最佳的生长温度在16~30℃，过低或过高都会影响生长与产量。
- 需水量大，生长期需水更多，但不能过度浇水，土壤含水量最好保持在22%左右。

用途

- 茎皮纤维可制上好衣料。
- 嫩芽、叶可当蔬菜食用。
- 根为利尿解热药，并有安胎作用；叶为止血剂，可治创伤出血；根、叶并用可治急性淋浊、尿道炎、出血等症。
- 嫩叶可养蚕，作饲料。

18 凤仙花

金凤花开红落砌，
帘卷斜阳，雨后凉风细。
最是人间佳景致，
小楼可惜人孤倚。

——北宋·秦观《蝶恋花》（节录）

历史文化

“金凤花”今称凤仙花，初夏开花，这首《蝶恋花》描述的正是初夏的景色。说红色的凤仙花花瓣掉落在石阶下，夕阳西下后卷起窗帘，雨后的凉风拂面。这应该是最美的景致，可怜我只能斜靠着小楼孤独伤心。

夏、秋季节，正是凤仙花盛开的季节，花朵“宛如飞凤，头翅尾足俱全”，独特的花形犹如展翅欲飞的凤凰，所以有“金凤花”的称号。古代用凤仙花染指甲，因此凤仙花又被称为“指甲草”“指甲花”；方法是采凤仙花花瓣加明矾捣碎，擦汁液在指甲上，静待干后再染，重复数十遍后红色染料渗入指甲中，可以维持很久。

元代女词人陆琇卿《醉花阴》词句：“曲阑凤子花开后，捣入金盆瘦。银甲暂教除，染上春纤，一夜深红透。”“凤子花”就是凤仙花，该词描述的是少女用凤仙花染指甲的情形。《红楼梦》第三十五回，平儿、香菱等，在大观园的山石边采凤仙花花瓣，就是要染指甲用的。

凤仙花的果实由五片具弹性的肉质果皮组成，里面包着数粒椭圆形的黑褐色种子。果实成熟时，只需一碰，果皮便从裂缝自动张开卷曲，将种子弹出，因此英文名称为“勿碰我”“别碰我”（touch-me-not），中文名又称为“急性子”。

典故延伸

- 香红嫩绿正开时，冷蝶饥蜂两不知。

——唐·吴仁璧《凤仙花》

描述红花绿叶的凤仙花正开的时候，蜂蝶都还没有发现。

- 忆绕朱栏手自栽，绿丛高下几番开。

——北宋·欧阳修《金凤花》

回忆栏杆边亲手种植的凤仙花，已经开了好几次了。

特征

我是一年生草本，高 40~100 厘米；茎肉质。叶互生，叶片披针形，长 4~12 厘米，宽 1~3 厘米，先端长渐尖，边缘有锐锯齿；叶柄长 1~3 厘米，两侧有数个腺体。

我的花单生或数枚簇生于叶腋；花通常粉红色或杂色，单瓣或重瓣；萼片 3，侧生两片较小，下方一片最大而呈囊状，基部有向下弯曲的花距；花瓣 5，旗瓣圆形，先端凹入，翼瓣各两枚合生；雄

植株

蕊 5，环生子房周围；子房上位，5 室，柱头 5 裂。

我的蒴果纺锤形，果瓣肉质，熟时一触即裂，将种子弹出。种子多数，球形，黑色。

住在哪里？

我分布在中国各地，生长于海拔 30~1000 米的地区；印度、马来西亚也有栽种。各地的庭园广泛栽培，是常见的观赏花卉。

凤仙花

Impatiens balsamina L.

又名：金凤花、指甲花、指甲桃、急性子、凤仙透骨草等

环境

- 性喜阳光，怕湿，耐热不耐寒。
- 适合生长于疏松肥沃微酸土壤中，但也耐瘠薄。

用途

- 花有粉红、白、红等多种颜色，栽植供观赏。
- 花入药，有活血消肿的作用，可治跌打损伤、毒蛇咬伤等。
- 种子亦入药，称“急性子”，性温、味微苦，有小毒，有活血化瘀的作用。

19 菰

闹红一舸，记来时，尝与鸳鸯为侣。
三十六陂人未到，水佩风裳无数。
翠叶吹凉，玉容消酒，更洒菰蒲雨。

——南宋·姜夔《念奴娇》（节录上片）

历史文化

这是一篇托物比（比喻）兴（起兴）的咏物词，用荷花、菰（茭白）、蒲（香蒲或菖蒲）等植物寄托身世。词意是说：小舟荡漾在红花繁茂的荷花丛中，记得来时曾经与水面鸳鸯结成伴侣。放眼望，三十六处荷塘连绵一气，但罕见游人踪迹。翠碧的荷叶间吹过凉风，像带着残余酒意的美女花容，更有洒下密雨的茭白和蒲草（香蒲或菖蒲）。

“菰”（gū）是茭白的植株。在唐代以前，茭白被当作粮食作物栽培；颖果内的种子叫“菰米”或“雕胡”，是古代重要的粮食作物“六谷”（稻、黍、稷、粱、麦、菰）之一。据《礼记》记载：“食：蜗醢而菰食，雉羹”，“蜗醢”是用蚌蛤类的肉做成的酱，“菰食”就是菰米稀饭，可见周朝已用茭白的种子作为粮食。唐朝末期，水稻开始在中国大面积种植，成为人们的主食，“菰米”逐渐淡出了人们的生活。

后来发现，有些菰的植株的茎部感染上茭白黑粉菌而不抽穗。茭白黑粉菌会刺激薄壁组织生长，使幼嫩茎部膨大，逐渐形成纺锤形的肉质茎，成为一种美味的蔬菜，就是现在食用的茭白笋；主要含蛋白质、脂肪、糖类、B族维生素、维生素E、微量胡萝卜素和矿物质等。世界上把茭白作为蔬菜栽培的，只有中国和越南。

典故延伸

- 跪进雕胡饭，月光明素盘。

  ——唐·李白《宿五松山下荀媪家》

  滑忆雕胡饭，香闻锦带羹。

  ——唐·杜甫《江阁卧病走笔寄呈崔、卢两侍御》

  诗句中的“雕胡”都是指“菰米”。

- 晓惊白鹭联翩雪，浪蹙青茭潋滟烟。

  ——唐·陈标《江南行》

  这里“青茭”指的是作蔬菜的茭白。

特征

我是多年生宿根性水生植物；植株高 1.2~2 米。叶片细长披针形，长可达 1.8 米，宽 3~4 厘米，叶基部与叶鞘连接处有三角形之叶舌；叶鞘厚。

我的花序是大型圆锥花序，长可达 50 厘米，雌雄花生在同一花序上，雌花着生于花序上方，雄花着生于花序下方；雌性花较密集，雄性花较松散；小穗含 1 朵小花；雌性小穗长 1~2 厘米，线形，芒粗糙；雄性小穗长约 1 厘米。

我的果实为颖果，长约 1 厘米，圆柱形。

植株

住在哪里？

我原产于中国及东南亚地区，分布于中国南北各地；河北、江苏、浙江、安徽、江西、福建、香港、河南、湖南、湖北、海南、广东、广西、四川、云南、黑龙江等地均有种植。

菰

Zizania latifolia (Griseb.) Turcz.ex Stapf.

又名：茭白、菰首、菰菜、菰笋、茭笋等

环境

- 喜温性植物，最佳的生长温度为10~25℃，不耐寒冷和高温干旱。
- 对日照长短要求不严，对水肥条件要求高。
- 需水量多，适宜水源充足、灌水方便的地方种植。
- 土层深厚松软、土壤肥沃、富含有机质、保水保肥能力强的黏壤土或壤土适宜生长。

用途

- 作为蔬菜，嫩茭白味道鲜美，营养价值高。
- 作为药材，能清湿热、解毒、催乳汁等。
- 植株可作观赏植物，是配置花坛、花境，点缀岩石园的好材料。也可用作切花、盆栽。

20 菖蒲

莫唱江南古调，怨抑难招，楚江沉魄。
熏风燕乳，暗雨梅黄，午镜澡兰帘幕。
念秦楼也拟人归，应剪菖蒲自酌。
但怅望、一缕新蟾，随人天角。

——南宋·吴文英《澡兰香·淮安重午》（节录下片）

历史文化

这首词是咏端午节的节序词。本段开头三句，缅怀屈原，包含词人对于时势的愤懑之情。词句中的“菖蒲”，是端午节用来避邪的植物。全段大意是说：请别再唱江南的古曲了，那幽怨的曲调，怎能安慰屈原沉在江底的冤魂？……心想他一定会回到绣楼，剪下菖蒲浸酒独饮。但也只能惆怅地仰望苍空新月，让月光伴随着我，去到海角天边。

菖蒲叶的形状像剑，菖蒲全株都有浓郁的香气，是中国传统文化中防疫驱邪的灵草。每逢端午时节，江南人家有在门上挂菖蒲叶、于檐下插艾，并喝菖蒲酒的习俗；夏、秋之际，燃菖蒲、艾叶可用来驱蚊灭虫。如唐代殷尧藩《端午日》诗所说的：“少年佳节倍多情，老去谁知感慨生；不效艾符趋习俗，但祈蒲酒话升平。”

端午节为每年农历五月初五，本来是夏季一个驱除瘟疫的节日，后来诗人屈原于端午节投江自尽，就变成纪念屈原的节日。传承至今，已有两千多年的历史。

典故延伸

- 风断青蒲节，碧节吐寒蒲。

——唐·杜甫《建都十二韵》

“青蒲”“寒蒲”都是菖蒲。

- 雁山菖蒲昆山石，陈叟持来慰幽寂。

——南宋·陆游《菖蒲》

意思是说雁山上有菖蒲和昆山石，陈先生带着来安慰寂静，当作礼品赠送。

菖蒲于端午节，是一种重要的植物。

- 端午日已过，更吟端午诗。人间好时节，寂寞强追惟。有酒无菖蒲，青粽谩累累。

——南宋·余安行《端午日无菖蒲》

在端午日后的冷清寂寥中回忆，想起的是孤身饮酒，却缺少菖蒲，更没有佳节必备的粽子，分外使人感伤。

特征

我是多年生草本，根状茎粗壮、横卧，芳香，植株呈丛生状。叶基生，叶片线形至剑形，长 0.9~1 米，基部对折，中脉明显突出，中部以上平展，宽 0.7~1.3 厘米，先端渐狭，基部两侧膜质；叶鞘宽可达 0.5 厘米。

我的肉穗花序圆柱状，长 2.5~8.5 厘米，粗 0.4~0.7 厘米，花序柄长 4~15 厘米，三棱形；叶状佛焰苞，长 30~40 厘米；花白色。

成熟的果穗长 7~8 厘米，直径可达 1 厘米；果是

植丛

浆果状，倒卵形，长、宽均约 0.2 厘米，幼果绿色，成熟时红色。

住在哪里？

我原产于中国长江流域以南地区，特别适宜生长于山涧浅水石上，以及溪流旁的岩石缝中。南、北半球的温带、亚热带地区都有分布。

菖蒲

Acorus calamus L.

又名：昌本、昌阳、昌草、尧时薤、尧韭、木蜡、阳春雪、望见消、水剑草、苦菖蒲、粉菖、剑草、剑叶、山菖蒲、溪菖等

环境

- 适合生长于海拔1000米以下的水边、沼泽湿地或湖泊沿岸浅水处。
- 适宜生长的温度为20~25℃，10℃以下则停止生长。
- 喜冷凉湿润气候，喜阴湿环境，耐寒，忌干旱。
- 泥质土壤、砂质土壤适宜生长。

用途

- 植株挺立，造型秀丽，且有香气，适宜水景岸边及水体绿化，也可作盆栽观赏用。
- 景观设计中常用的水生植物。
- 菖蒲还是中医药材，具有开窍、祛痰、散风的功效，历代中医典籍均有记载将菖蒲根茎作为益智宽胸、聪耳明目、祛湿解毒之药用。

21 水仙

小娉婷，清铅素靥，蜂黄暗偷晕。翠翘欹鬓。昨夜冷中庭，月下相认。睡浓更苦凄风紧。惊回心未稳。送晓色、一壶葱茜，才知花梦准。

——南宋·吴文英《花犯·郭希道送水仙索赋》（节录上片）

历史文化

本词大意：水仙花就如一位美貌委婉的仙女，雪白的花瓣带着笑容。黄色的副花冠暗自含羞而现娇晕。绿叶如翡翠的头饰斜插在鬓角。一阵凉意使我从睡梦中惊醒，心中长久无法平静。拂晓的晨风刚过，友人便送来一盆青绿的水仙，这才惊讶花梦的准确。

“水仙”在古代至少有三个不同的含义：一是古琴曲，以伯牙向成连先生学琴的故事为题，或为伯牙所作的《水仙操》；二是水神或海神，如《海上纪略》记载：“水仙者，洋中之神”；三是植物水仙花。中国的水仙花为唐代从意大利引进，在中国已有一千多年的栽培历史，是中国十大传统名花之一。

水仙花多数是单瓣，花冠色白，中间有金黄色杯状物，植物学上称为“副花冠”，故水仙花有“玉台金盏”或“金盏银台”之称。另有重瓣品种，花十二裂，瓣白色卷皱为一簇，称为“玉玲珑”，花期约半个月。水仙花的鳞茎很像洋葱、大蒜，故又被称为“雅蒜”“天葱”。

水仙为球根花卉，早春开花并贮藏养分，夏季休眠。冬季开花的植物种类非常少，水仙花是春节最重要的冬令时花，花开时散发幽香，被称为“凌波仙子”。

典故延伸

- 凌波仙子生尘袜，水上轻盈步微月。是谁招此断肠魂，种作寒花寄愁绝。

——北宋·黄庭坚《王充道送水仙五十枝》

黄庭坚写过多首赞美水仙花的诗，这是其中最有名的一首。大意是：凌波仙子的罗袜飞扬着尘土，有如月下水上行走的洛神。是谁把洛神悲伤的灵魂招来，变成冬天开放的水仙花，来寄托深深的愁恨。

- 六出玉盘金屈卮，青瑶丛里出花枝。清香自信高群品，故与红梅相并时。

——南宋·姜特立《水仙花》

“玉盘金屈”，指水仙白色的花瓣和金黄色的副花冠；花具清香，和红梅并提，表示水仙和梅一样，都是在严寒的冬季开花。

特征

我是多年生草本球根花卉，鳞茎圆锥形至卵圆形。叶宽线形，带状，扁平，二列状着生，长 20~40 厘米，宽 0.8~1.5 厘米，钝头，全缘，粉绿色。

我的花茎中空，几与叶等长；伞形花序，着生于茎顶，花 4~8 朵，总苞膜质佛焰状；花被管细，近三棱形，长约 2 厘米，花被 6 片，白色，有浓郁芳香；

副花冠浅杯状，黄色；雄蕊 6；子房 3 室，每室有胚珠多数，花柱细长，柱头 3 裂。

我的蒴果成熟时会自动开裂。

住在哪里？

我的原产地包括地中海地区、位于大西洋的加那利群岛、中东地区和中亚地区等。

我在中国主要分布于沿海温暖、湿润地区，福建、浙江、上海、四川等地均有栽培。朝鲜和日本也有栽培。

鳞茎

副花冠浅杯状

伞形花序

水仙

Narcissus tazetta subsp. *chinensis* (M.Roem.)Masam.&Yanagih

又名：金盏银台、凌波仙子、洛神香妃、玉玲珑、金银台、天葱、雅蒜等

环境

- 喜阳光、喜水、喜肥沃的砂质土壤。
- 生长前期喜凉爽，中期稍耐寒，后期喜温暖。
- 要求冬季无严寒，夏季无酷暑，春、秋季多雨的气候环境。

用途

- 水仙具有宜人的芳香，鲜花为制造高级芳香油的原料。
- 在农历新年期间开放，是很受欢迎的年花。
- 鳞茎多液汁，有毒，含有石蒜碱、多花水仙碱等多种生物碱；可用作外科镇痛剂；鳞茎捣烂敷治痈肿。牛、羊误食鳞茎，会立即出现痉挛、瞳孔放大、暴泻等症状。

22 葱

琥珀装腰佩，龙香入领巾。
只应飞燕是前身，
共看剥葱纤手、舞凝神。

——北宋·苏轼《南歌子》

历史文化

古典文学作品多用“葱白”或“葱根”形容美女细长、雪白的手指。本词大意是说：美女腰带配饰琥珀，领巾飘着龙脑香气。前世应是赵飞燕，腰骨纤细、步履轻盈，手指细长如葱根。

葱是烹调的重要调味菜，几乎家家必备。叶部绿色部分称“葱管”，鳞茎称“葱头”，均带有辛辣的刺激气味，烹调时用以去除腥味，解寒性。烹调时，加葱做调味，有散寒除腥的功效。

中国的文献记载葱的时期非常早，《山海经》《庄子》等书中都有叙述。东汉尚书崔寔模仿古时月令所著的《四民月令》，叙述农家从正月到十二月中的农业活动，其中有这样一句简单的记载：“三月别小葱，六月别大葱，夏葱曰小，冬葱曰大。”葱一般用鳞茎进行无性繁殖，播种时分开鳞茎成小株分殖，称“分栽”。

这段记述是说：农历三月分栽小葱，农历六月分栽大葱；夏季收成小葱，冬季收成大葱。小葱应为野生型葱，植物体较小；大葱应为栽培型葱，植物体较大。说明中国栽培葱、食用葱的历史应有两千年以上了。

典故延伸

- 瓦盆麦饭伴邻翁，黄菌青蔬放箸空，一事尚非贫贱分，芼羹僭用大官葱。

——南宋·陆游《大葱诗》

葱在宋代是百姓常吃的菜，不分贫富贵贱众人都吃，就连比较贵的肉菜羹都需要放大葱调味。“芼羹”指的是用菜和肉做的羹。

- 金刀利，锦鲤肥，更那堪玉葱纤细。添得醋来风韵美，试尝道甚生滋味。

——元·李寿卿《双调·寿阳曲》

这首小令描写的是日常生活场景：煮熟了一条大鲤鱼，放上切细的鲜葱和醋，味道一定鲜美无比。

特征

我是多年生草本，高可达 50 厘米；通常簇生，鳞茎圆柱形，先端稍肥大，鳞叶成层，白色，通称葱白；茎短缩为盘状，茎盘周围密生弦线状根。叶基生，叶片圆柱形，中空，长约 45 厘米，直径 1.5~2 厘米，先端尖，绿色，具纵纹；叶鞘浅绿色。

我是伞形花序，多花，密集；花被钟状，白色，花被片 6，狭卵形，先端渐尖，具反折的小尖头；花

植株

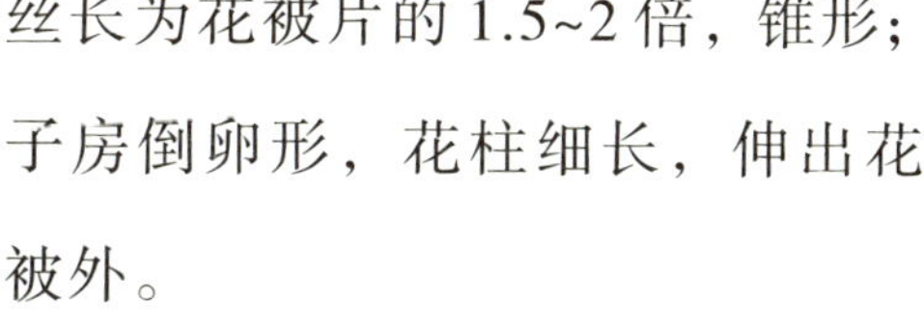

丝长为花被片的1.5~2倍，锥形；子房倒卵形，花柱细长，伸出花被外。

我的蒴果三棱形；种子黑色，三角状半圆形。

住在哪里？

我原产于西伯利亚；中国自古以来即有栽培，至少有三千年的历史，北方人均以生食为主。各地均有栽植，山东、河北、安徽等省为主产区。

葱

Allium fistulosum L.

又名：青葱、大葱、叶葱、胡葱、冬葱、葱仔等

环境

- 性极耐寒，−10℃可不受冻害，但生长适温为20~25℃。
- 对光强度要求不高，但光照过低，光合作用弱，生长不良；光照过强，叶易老化。
- 缺根毛，吸水能力不足，故生育期田间必须保持湿润，但根系分布浅，不耐淹水。
- 最适宜的土质为富含有机质的壤土，pH值5.5~6.5，土层深厚、排水良好。

用途

- 含有挥发性硫化物，具特殊辛辣味，是重要的解腥调味品，或当蔬菜食用。
- 葱具有一定的润肺功效、抗菌作用、消炎作用等。

23 茜草

旋抹红妆看使君，
三三五五棘篱门，
相挨踏破茜罗裙。

——北宋·苏轼《浣溪沙》（节录上片）

历史文化

“茜罗裙”是指用茜草根染成的红色丝制罗裙。这首词描写农村姑娘急急忙忙地抹上红妆，赶去看路过的官员。姑娘们三五成群地挤在棘篱门前，在推挤中，她们用茜草染的红色罗裙甚至都被踩破了。

茜草根中主要的色素成分是茜素红，可染出从橙红、粉红到绯红不等的颜色。在染料匮乏、合成染料还没问世的古代，茜草是极重要的红色染料。中国用茜草当成染料植物进行栽培利用的历史相当悠久，两三千年前《诗经》的《郑风·出其东门》就有“缟衣茹藘，聊可与娱”诗句；“缟衣”是白衣，“茹藘”原指茜草，这里指红色的佩巾。诗意是说：纵使东门外美女如云，我只想要那位衣着朴素，佩戴红巾的女子，那才是我想要的心上人。

记述两汉典章制度的《汉官仪》也有记载：“染园出卮茜，供染御服”，说茜草和栀子都是用来染官服颜色的重要染料。司马迁《史记·货殖列传》记载："若千亩卮茜……此其人皆与千户侯等"，此处的"茜"就是"茜草"，种有一千亩黄栀子和茜草的农户，财富和拥有千户的诸侯是相同的，都是当时的大户人家。看来，汉代人想致富，要种茜草、黄栀子树。

典故延伸

- 红妆女伴碧江滨，蓮草花簪茜草裙。

——明·杨慎《竹枝词》

用茜草染成红色的裙子，称茜草裙或茜裙。

- 一园红艳醉坡陀，自地连梢簇茜罗。

——唐·韩偓《净兴寺杜鹃一枝繁艳无比》

用茜草染成红色的丝织品，称茜罗。

特征

我是多年生草质藤本，茎具有多数分枝；小枝四方形，粗糙，具钩刺。叶 4~6 片轮生，心形至卵形，长 1.5~4 厘米，宽 1~4 厘米，先端钝或锐，基部心形或圆，全缘；叶脉 5 出；叶柄长 1.2~4 厘米，有细钩刺；托叶三角形，先端锐尖。

我的聚伞花序腋生和顶生，花序长 2~5 厘米；花多数，小形，绿色或黄绿色；花萼小，长 0.1~0.2 厘米；花冠钟形，长 0.3~0.5 厘米，先端 5 裂；雄蕊 5，着生于花冠开口处；子房下位，2 室，柱头头状。

我的果实为浆果，双子状或单生球形，直径 0.5~0.7 厘米，成熟时呈黑色。

住在哪里？

我分布于中国东北、华北、西北和四川及西藏等

植株

地，常生长在疏林、林缘、灌丛或草地上。在朝鲜、日本和俄罗斯远东地区也有分布。

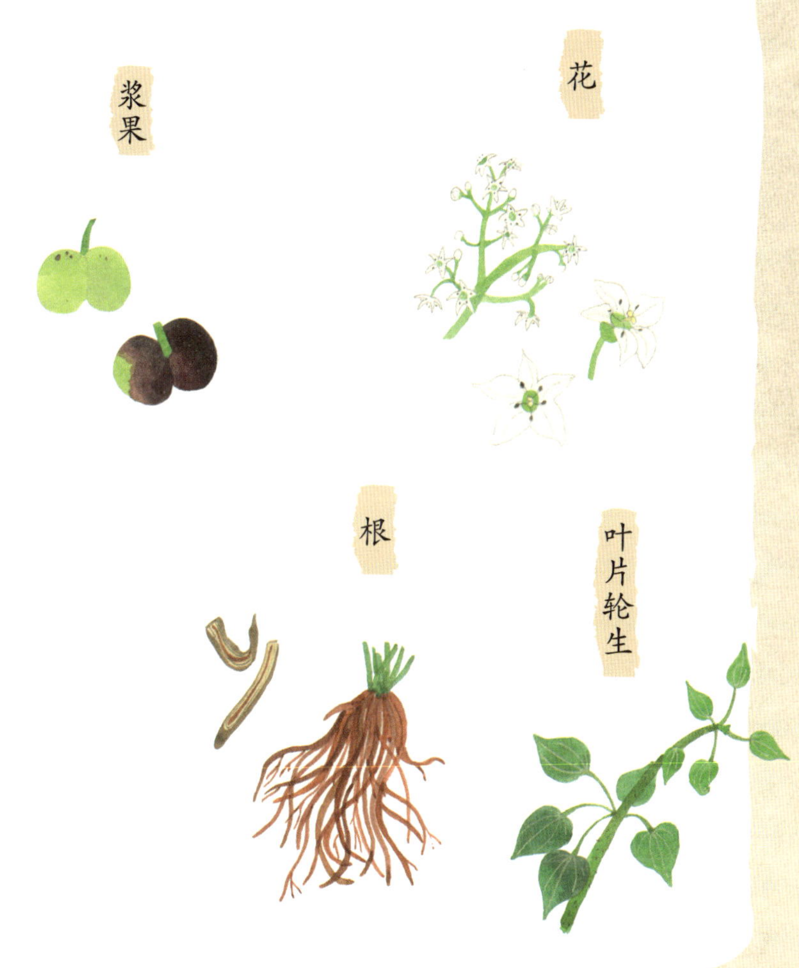

茜草

Rubia cordifolia L.

又名：金线草、过山龙、金剑草、红茜草、活血丹、四轮藤、风车草等

环境

- 喜欢凉爽而湿润的环境。耐寒，怕积水。
- 土壤以肥沃、深厚、湿润、腐殖质丰富的为好。
- 地势高燥、土壤贫瘠以及低洼易积水之地均不宜种植。

用途

- 历史悠久的植物染料。
- 使用广泛的常用中药材。根及根茎，可以用来凉血止血、活血化瘀、通经活络、止咳祛痰，凡血热妄行之出血症均可选用。

24 艾

深院榴花吐，画帘开、束衣纨扇，

午风清暑。

儿女纷纷夸结束，新样钗符艾虎。

——南宋·刘克庄《贺新郎·端午》（节录部分上片）

历史文化

本词也是端午节的悼古之作，提起端午节，自然联想到屈原。托屈原之事，抒自己的怨愤之情。本段说，深深的庭院中石榴花开得正艳，彩绘的帷帘正打开，身穿粗麻衣服，手摇着丝绢圆扇，中午的清风驱散暑气，显得格外清凉。青年男女纷纷炫耀自己的节日装束。头上插着发钗彩符，身上佩戴艾草剪成的老虎。

艾虎，古代多以艾编剪而成，或剪彩为虎，黏以艾叶，佩戴于发际身畔。现在多直接用丝线、布帛、香料制作而成。每逢节日，人们用绫罗制成小虎（艾虎），再用彩线串起来，挂于钗头，或系在小孩背上；或将艾叶剪成虎形，戴在头上。人们佩戴艾虎，希望避邪除秽，也可作为装饰品。

南北朝之前，民间习俗会在端午节时于门上悬挂艾草，以消除毒气，《荆楚岁时记》记载了这个习俗：“五月五日，四民普蹋百草……采艾以为人，悬于门户上，以禳毒气”，一直沿用至今。

艾草与中国人的生活有着密切关系，除端午节会在家中放置艾草之外，干枯后的艾草可泡在水中熏蒸做人体消毒或止痒用，产妇多用艾水洗澡或熏蒸。春季采摘鲜嫩的艾草叶子和芽，做蔬菜食用。洗净之后的幼嫩艾叶，切碎用水煮熟，搓烂榨汁和糯米粉，做成“青草粿”食用。艾草自古即用来灸百病，目前中医界也还在使用。

典故延伸

- 彼采艾兮，一日不见，如三岁兮。

——《诗经》之《王风·采葛》

这是最早出现有关艾草的文献之一。意为她去采艾菜，一天见不到她，仿佛隔了三年一般。

- 五月五日午，赠我一枝艾。故人不可见，新知万里外。

——南宋·文天祥《端午即事》

五月五日的端午节，你赠给我一枝艾草。故去的人已经无法见，新结交的朋友又在万里之外。

- 重五山村好，榴花忽已繁。粽包分两髻，艾束著危冠。

——宋·陆游《乙卯重五诗》

端午节到了，火红的石榴花开满山村。吃了两只角的粽子，帽子上插着成束的艾草。

特征

我是多年生草本或亚灌木，高 80~250 厘米，枝条有明显纵棱；植株有浓烈香气。叶厚纸质，上面被灰白色短柔毛，背面密被灰白色蛛丝状密绒毛；茎下部叶近圆形或宽卵形，羽状深裂，每侧具裂片 2~3 枚；中部叶卵形、三角状卵形或近菱形，1~2 回羽状深裂至半裂，每侧

植株

裂片 2~3 枚；上部叶与苞片叶羽状半裂、浅裂或 3 深裂或 3 浅裂，或不分裂。

我的头状花序排成圆锥状，每数枚至 10 余枚在分枝上排成小型的穗状花序或复穗状花序；总苞片 3~4 层；雌花 6~10 朵，花冠狭管状；两性花 8~12 朵，花冠管状或高脚杯状。瘦果长卵形或长圆形。

头花排成穗状

叶

住在哪里？

端午节时于门上悬挂艾草

我主要分布于亚洲东部，如朝鲜半岛、日本、蒙古、西伯利亚等地。中国的东北、华北、华东、华南、西南，以及陕西、甘肃等均有分布。

我生长于低海拔至中海拔地区的荒地、路旁河边及山坡等地，森林草原及草原地区也有，局部地区为植物群落的优势种。

我的适应性很强，普遍生长于路旁荒野、草地。

两性花

艾

Artemisia argyi Lévl. et Van.

又名：冰台、香艾、蕲艾、艾蒿、灸草、医草、黄草等

环境

- 向阳且排水顺畅的地方都能生长。
- 以湿润肥沃的土壤生长较好。

用途

- 全草入药，有温经、祛湿、散寒、止血、消炎、平喘、止咳、安胎、抗过敏等作用。
- 艾叶，可以辅助治疗妇科病霉菌性阴道炎。
- 艾草粿，为闽粤地区一种特色食品。
- 艾灸的主要材料。

小常识

很多花依固定的方式排列在花轴上，便形成花序；花序可分为无限花序和有限花序。

无限花序包括总状花序、穗状花序、葇荑花絮、肉穗花序、圆锥花序、伞房花絮、伞形花序、头状花序、隐头花序。

有限花序：又分为单歧聚伞花序、二歧聚伞花序、多歧聚伞花序、轮伞花序。

25 黄瓜

簌簌衣巾落枣花，村南村北响缲车，
牛衣古柳卖黄瓜。
酒困路长惟欲睡，日高人渴漫思茶，
敲门试问野人家。

——北宋·苏轼《浣溪沙》

历史文化

这首《浣溪沙》词的大意如下：枣花纷纷落在衣襟上，村南村北响起缫丝车的声音，垂柳古树底下有一个穿粗麻衣的农民在叫卖黄瓜。有点醉酒，而路途遥远，昏昏然，只想睡一觉。艳阳高照口渴难忍，想找点茶水喝，于是到一家村民屋敲门，问可否给碗茶喝。

黄瓜原产于印度，是公元前二世纪西汉张骞通西域时所引进的蔬果，一开始称作“胡瓜”。唐代药物学家陈藏器的医书《本草拾遗》（七一三至七四一年），及五胡十六国王嘉所撰，记载各代历史异闻的《拾遗录》（五八〇至六一八年）均有记载，都称为胡瓜。

后因五胡十六国时，后赵皇帝石勒，本是入塞的羯族人，对于自己的族人被称为胡人非常恼怒。于是制定了一条法令：无论说话写文章，一律严禁出现“胡”字，襄国郡守樊坦便将胡瓜改名为“黄瓜”，沿用至今。

因果实通常有刺，所以又称胡瓜为“刺瓜”。如果在小胡瓜开花结果后，花朵刚凋萎尚未完全脱落时，就被采收下来，这种带枯花的小胡瓜就叫作“花胡瓜”或“花瓜”，常被腌制成酱瓜。

典故延伸

- 郎去摘黄瓜，郎来收赤枣。郎耕种麻地，今作西舍道。

——唐·张祜《读曲歌五首·其五》

黄瓜、枣、大麻一起出现，可见黄瓜在唐代已经是很普遍的蔬菜。

- 园丁傍架摘黄瓜，村女沿篱采碧花。

——南宋·陆游《秋怀》

黄瓜翠苣最相宜，上市登盘四月时。

——南宋·陆游《新蔬》

山童分紫笋，野老卖黄瓜。

——元·王冕《漫兴》

这些诗句，都显示黄瓜已逐渐在中国广泛种植开来。

特征

我是一年生蔓生或攀缘草本；茎伸长，有棱沟，被白色的糙硬毛，具卷须。叶片宽卵状心形，长、宽各 7~20 厘米，两面甚粗糙，被糙硬毛，3~5 个角或浅裂；叶柄长 10~16 厘米，有糙硬毛。

我是单性花，雌雄同株；雄花常数朵在叶腋，簇生，花萼筒狭钟状或近圆筒状，花冠黄色，长约 2 厘米，雄蕊 3，花丝近无。雌花单生或稀簇生，花梗粗壮，子房纺锤形，粗糙，有小刺状突起。

叶

我的瓠果呈圆形或圆柱形，长 10~30 厘米，熟时呈黄绿色，表面粗糙，有具刺尖的瘤状突起。种子小，狭卵形，白色，两端近急尖。

住在哪里？

花

我原产于印度。中国的温带和热带地区现广泛种植，黄瓜是中国各地夏季主要蔬菜之一。

依品种来分有地黄瓜、架黄瓜、夏黄瓜和秋黄瓜等。

瓠果

黄瓜

Cucumis sativus Linn.

又名：胡瓜、刺瓜、王瓜、青瓜等

环境

- 性喜温暖，田间生育适温为20~30℃，超过35℃时会造成生理失调，影响果实形状和品质；冬季气温低于10℃时植株生育受阻，若在5℃以下则开始受寒害。
- 土壤pH在6.0~7.5，富含有机质、排灌良好、保水保肥的偏黏性砂质壤土适宜生长。
- 忌与瓜类作物连作，宜和水稻、豆科作物等轮作。

用途

- 黄瓜皮所含营养素丰富，应当保留生吃。
- 黄瓜味甘、甜，性凉，具有除热、利水利尿、清热解毒的功效。
- 茎藤药用，能消炎、祛痰、镇痉。